电弧炉炼钢过程控制与数学模型案例

杨凌志 董 凯 著

全书彩图请扫码

北 京

冶金工业出版社

2022

内 容 提 要

本书共分 8 章，阐述了电弧炉炼钢模型相关技术、电弧炉炼钢流程冶金数据库与信息化系统等，重点介绍了钢铁料优化模型、供氧指导模型、炉渣预报模型、合金加料优化模型和成本控制模型，还介绍了电弧炉炼钢流程智能化办公平台等内容。

本书可供高等院校钢铁冶金专业师生及电弧炉炼钢行业的科研、技术、管理、培训人员阅读参考。

图书在版编目 (CIP) 数据

电弧炉炼钢过程控制与数学模型案例／杨凌志，董凯著．—北京：冶金工业出版社，2022. 11

ISBN 978-7-5024-9293-9

Ⅰ. ①电… Ⅱ. ①杨… ②董… Ⅲ. ①电弧炉—电炉炼钢—过程控制—数学模型—案例 Ⅳ. ①TF741. 5

中国版本图书馆 CIP 数据核字 (2022) 第 176984 号

电弧炉炼钢过程控制与数学模型案例

出版发行 冶金工业出版社	**电 话** (010)64027926
地 址 北京市东城区嵩祝院北巷 39 号	**邮 编** 100009
网 址 www. mip1953. com	**电子信箱** service@ mip1953. com

责任编辑 曾 媛 美术编辑 彭子赫 版式设计 郑小利
责任校对 梁江凤 责任印制 窦 唯
三河市双峰印刷装订有限公司印刷
2022 年 11 月第 1 版，2022 年 11 月第 1 次印刷
710mm×1000mm 1/16；10.5 印张；206 千字；159 页
定价 69.00 元

投稿电话 (010)64027932 投稿信箱 tougao@cnmip. com. cn
营销中心电话 (010)64044283
冶金工业出版社天猫旗舰店 yjgycbs. tmall. com
(本书如有印装质量问题，本社营销中心负责退换)

前　言

电弧炉炼钢是当今世界主要炼钢方法之一，是高品质特殊钢冶炼的主要工艺流程，为能源、交通、机械制造、国防军工等重要领域关键装备及零部件提供所需的钢铁材料。相较于以高炉-转炉为核心的传统长流程炼钢工艺，电弧炉短流程炼钢能量消耗低，产品结构多样化，在投资、效率、环保等方面均具有优势。在当前为了实现钢铁工业可持续性发展的历史背景下，随着"双碳"目标的提出以及废钢资源的逐年增加，电弧炉炼钢在未来有着更广阔的发展前景。

《中国制造2025》和《钢铁工业调整升级规划（2016—2020 年）》指出，"两化深度融合的质量管控系统与智能制造系统"是钢铁工业的重点发展方向，电弧炉自动化与智能化冶炼技术将是未来我国钢铁行业转型升级的必经之路。近年来，随着电弧炉炼钢控制技术的进步和冶炼节奏的加快，对电弧炉炼钢产品质量提出更高的要求。运用数字化信息集成系统辅助炼钢，能有效提升电弧炉炼钢生产效率，帮助企业提高管理水平，真正实现数字化、智能化、绿色化炼钢。

目前，国内专门针对电弧炉炼钢流程控制模型理论与实践案例的书籍很少，相关电弧炉炼钢工程技术及研究人员在工程实践中缺乏相关理论与工程应用实例借鉴。本书作者在姜涛院士、朱荣教授的启发与鼓励下，参考国内外炼钢模型相关文献的同时，对多年电弧炉炼钢模型的研究成果进行了总结，希望为电弧炉炼钢过程控制发展提供一定的指导与帮助。

全书从电弧炉炼钢流程的自身特点和要求出发，结合炼钢机理、数据分析、自动化技术、信息化技术等，阐述电弧炉炼钢流程过程控制与数学模型案例，从而构建冶金数据库、数学模型与工艺控制为一体的自动化、数字化、智能化的生产平台。本书第 1 章为绪论部分，主要介绍电弧炉炼钢模型相关技术；第 2 章介绍了电弧炉炼钢流程的冶金数据库与信息化系统；第 3 章介绍了电弧炉炼钢钢铁料优化模型；第 4 章介绍了电弧炉炼钢供氧指导模型；第 5 章介绍了电弧炉炼钢炉渣预报模型；第 6 章介绍了合金加料优化模型；第 7 章介绍了电弧炉炼钢流程成本控制模型；第 8 章介绍了电弧炉炼钢流程智能化办公平台。

在本书编写过程中，中南大学郭宇峰教授为本书提供了宝贵意见，陈凤老师、王帅老师以及研究生薛波涛、胡航、李勃、李志慧、邹雨池等为本书的编撰收集整理资料，在此特向他们表示衷心的感谢。本书的出版得到中南大学、北京科技大学、衡阳华菱钢管有限公司、新余钢铁集团有限公司等的大力支持，在此一并表示感谢。

由于作者水平所限，书中错误和不妥之处在所难免，敬请广大专家和读者批评指正。

作　者
2022 年 6 月于长沙

目　　录

1 绪 论

1.1 电弧炉炼钢介绍与发展

电弧炉炼钢作为当今世界主要的炼钢方法,是冶炼高品质特殊钢的重要工艺流程[1],其能量消耗低,原料适应性广,产品结构多样化,是高品质洁净钢冶炼的主要工艺流程。电弧炉炼钢的冶炼过程是高温多相化学反应过程,其原料由以废钢为主的多元炉料(包括废钢、铁水、生铁、直接还原铁、金属化球团等)组成。电弧炉炼钢的能量来源由电能、化学能及物理热组成,是钢铁工业能量结构最具特点的工艺过程。

电弧炉炼钢的主要优点体现在其能够以废钢为主要原料,有利于资源的循环利用。电弧炉炼钢原料中废钢占比高,对金属材料进行循环利用,减少了焦煤等不可再生资源的使用,降低了环境压力,继转炉炼钢后已成为钢铁工业的重要炼钢方法之一。随着废钢累积量的逐年提高,电弧炉炼钢将在钢铁生产可持续发展方面占有重要的战略地位。

近年来,随着钢铁行业供给侧结构性改革的深入推进,扩大了产业结构优化布局,促使钢铁行业向绿色、创新、高质量方向发展。电弧炉炼钢在设备和工艺方面取得了长足发展[2,3],同时也面临更多未知的严峻挑战。随着废钢量的增加和环保意识的增强,以废钢作为主要原料的电弧炉短流程炼钢方法越来越受到重视[4]。据统计,近10年全世界电炉钢的比例呈现逐步上升趋势,2021年世界电炉钢占总产量比例达27.9%。其中,2021年美国电炉钢的比例为68.0%,印度电炉钢的比例为55.1%,韩国电炉钢的比例为33.4%,日本电炉钢的比例为25.0%,而我国电炉钢的比例仅为12.0%,意味着我国电炉钢发展有很大的上升空间[5,6]。

相较于以高炉-转炉为核心的传统长流程炼钢工艺而言,电弧炉短流程炼钢工艺具有以下优点:

(1)工艺流程短。废钢是电弧炉炼钢的主要原料,因此无须像长流程炼钢工艺那样经历铁矿造块、高炉炼铁等工序,大大缩短了工艺流程。

(2)能耗低。以全废钢为炉料的电弧炉短流程工艺吨钢能耗可低至350kgce/t左右,而传统长流程炼钢工艺的吨钢能耗在600~700kgce/t。

(3)热效率高。电弧炉炼钢中的电弧温度最高可达6000℃左右,且由于其产生的热量可直接作用于炉料，使其热效率高达70%，可用于冶炼含有钼、钨等元素的高熔点合金钢。

（4）炉料多元化。在电弧炉炼钢工艺中，废钢、铁水、生铁、金属化球团均可作为钢铁原料，可采用热装或冷装工艺，具有很强的适应性。

（5）环境友好。长流程炼钢工艺的吨钢CO_2排放量高达$2000\sim2100kg$，但电弧炉短流程炼钢工艺的吨钢CO_2排放量仅有$500\sim700kg$[7]。同时，与长流程炼钢工艺相比，电弧炉炼钢工艺的固废排放量下降了65%，废水排放量下降了35%，废气排放量则下降了95%，大幅减轻了冶炼对环境的污染。

电弧炉在供电技术、供氧喷吹技术、底吹搅拌技术、优化炉料结构技术与余热利用技术上取得的发展，为实现电弧炉炼钢流程控制提供了基础，同时近年来，电弧炉过程自动化技术也随着整个工业自动化技术的进步而不断发展。国外电弧炉过程自动化技术发展比较快，特别像美国、日本、德国等一些工业发达国家，不仅注重电弧炉设备的技术改造投资，而且不惜重金研究和开发新的电弧炉过程控制设备及技术。而我国的电弧炉炼钢过程自动化技术还处在发展阶段，冶炼过程操作基本采用人工控制，过多依赖人工经验，难以满足现代化生产的快节奏、高质量和高精度控制要求。随着炼钢过程控制和数学算法技术的成熟，结合自身的资源及工艺操作的特点，开发并实现我国电弧炉炼钢流程绿色化冶炼和智能化控制成为冶金工作者亟待解决的关键问题[8~11]。

1.2 炼钢过程控制技术

炼钢过程控制是优化炼钢的重要手段，主要有以下功能：提高冶炼效率，精准控制各参数，实时进行调整；减少人力消耗及降低安全事故，利用机器替代人力劳动；减少误差波动，保障生产质量稳定性。下面介绍炼钢过程控制技术：

（1）炼钢配料控制。为提高产品质量及保障成分稳定，传统电弧炉操作是人为对加入合金、辅料进行预估称重及人工下料，此方法已不能满足快节奏的生产需求，同时考虑到人为加料的危险性，现代电弧炉开发出机器投料装置，可以在主控室内的电脑上进行各合金及辅料的称重和下料操作[12]。

（2）副枪技术。使用副枪可在不中断吹炼或不倒炉的状态下，获得熔池温度、碳含量、氧含量、熔池高度等信息。借助计算机对吹炼所需要的氧量和冷却剂的添加量进行反复计算，调整系统的各种参数，以命中碳、温度的目标值，避免后吹。为了实现测量目的，需要将探头连接到副枪枪体上，在平台上安装自动探头装载机（APC）。当探头连接状态正确，系统触发副枪枪体旋转到枪孔，进行测量。完成测量后，副枪会旋转到APC位置，拆卸探头装置取下测量后的探头，然后副枪准备下次检测[13]。

(3) 合理化供电技术。合理的电气运行制度是电弧炉炼钢高效冶炼的基本保障，电弧炉炼钢生产过程中，常使用合适的工作电流和工作电压以实现高生产率操作。传统的电极调节方式利用 PID 控制，该方式会造成电气运行制度不平衡。目前基于神经网络等智能算法的电极自动调节方式被引入到国内电弧炉炼钢控制系统中，取得了比传统 PID 电极调节器更好的效果[14,15]。

(4) 智能供电技术。超高功率电弧炉作为电弧炉炼钢的发展方向，要实现其高产、低耗、优质的目标，就必须具备快速准确的生产控制，全面而优化的综合管理。而在生产控制中，电气运行是极为关键的技术。智能供电技术主要依据电极的阻抗控制、电弧炉的停送电、电弧炉接触到废钢自动停止、电弧炉接触非导电物的处理、有载调压、电极短路、电极过电流、电极稳定性，因此要求电极调节器具有相应功能。

(5) 强化用氧技术。电弧炉炼钢过程中，向炉内输入的氧气直接影响到钢水质量、能源消耗和冶炼周期，氧气消耗成为电弧炉炼钢冶炼非常重要的评价指标。电弧炉供氧技术包括炉门供氧和炉壁供氧，合理地用氧可以加速废钢熔化，提高熔池温度，均匀熔池成分，改善炉内热量分布，对促进钢渣反应、调节钢水成分和温度、提高氧气利用率、提高金属收得率等有十分明显的效果[16,17]。

(6) 泡沫渣技术。在冶炼过程中，通过向炉内喷吹炭粉，使其与炉内的氧发生强烈的碳氧反应，在渣层内形成大量的 CO 气体，有助于减少热损失和夹杂物的去除。泡沫渣技术可以提高熔池传热效率，缩短冶炼周期，提高生产率，从而满足冶炼节奏快、炉衬寿命长、电耗低的核心要求[18,19]。

(7) 顶底复合吹炼技术。顶底复合吹炼技术是指由顶部竖直氧枪向熔池表面吹入氧气，并从底部供气元件吹入惰性气体对熔池内金属液进行吹炼的炼钢方法。该方法能有效改善电弧炉炼钢熔池反应不均衡、反应动力学条件差、温度和钢液成分不均匀等问题，从而提高熔池钢液的搅拌效果，提高钢液流动性，降低钢液终点碳氧积，缩短吹炼时间，改善钢液的洁净度[20]。

(8) 烟气分析技术。烟气分析是指在烟道上安装在线气体分析仪，在线实时分析烟气成分，测定或计算烟气流量等信息，通过模型计算，实时在线预报钢水中的碳、锰、磷等成分和温度的变化，对渣况进行预警和控制，在线调整供氧流量和造渣制度，以提高钢水质量和终点命中率。采用带有烟气分析仪的烟气分析系统，对 CO、O_2、CO_2 和 H_2 成分进行实时检测和分析，主要设备由本地柜、分析室和校准气体柜三部分组成。其中，本地柜主要负责烟气的采集、吹出及净化；分析室的作用是对烟气中 CO、O_2、CO_2 和 H_2 进行分析；校准气体柜的作用是对分析仪进行校准，当分析成分出现问题后，校准气体柜将标准的气体送入分析柜对分析仪进行校对，使分析柜得出的成分始终正确[21,22]。

(9) 电弧炉用氧模块化控制技术。电弧炉用氧模块化控制技术是根据电弧炉吹氧的特点，将电弧炉炼钢过程中作用相同并能进行统一控制的吹氧（助熔）方式合并在一起，将供氧方式模块化，进行统一控制。控制系统由总氧模块、氧燃助熔模块、炉门吹氧模块、EBT 吹氧模块、二次燃烧模块、集束氧枪模块和炭粉喷吹模块等几部分组成。控制软件中应用了总氧控制模块、炉门吹氧模块、氧燃助熔模块、EBT 吹氧模块和炭粉喷吹模块。为方便管理，将炭粉喷吹从炉门碳氧枪中分离出来，单独成立一个模块——炭粉喷吹模块。各控制模块内容体现在软件设计中的各模块控制窗口，模块控制窗口控制模块喷吹系统的流量、压力，可以是氧气的流量、压力，也可以是柴油的流量、压力和炭粉的流量、压力。当喷吹系统中氧气（柴油或炭粉）的实际流量（压力）与设定流量（压力）出现很大差距时，模块控制窗口会自动出现报警图标，并将报警数据存储备用[23,24]。

（10）自动测温取样技术。由于钢铁冶炼过程的特殊性，使用人为进行测温十分不安全，且测量数据不准确，因此需采用自动测温取样机器人替代人工劳动。针对中小型转炉开发的新型自动测温取样系统，通过机械手、机器人和机器视觉系统的配合使用，取代人工实现炉前钢水的全自动测温、取样工作[25,26]。

1.3　炼钢过程数学算法

随着炼钢冶炼节奏的加快和稳定运行的需求，对炼钢过程控制提出了更高的要求。下面针对炼钢领域的数学算法进行介绍：

（1）PID 算法。PID 算法通过比例、积分、微分控制，是一种具有全局能力的控制。其中，P 为比例因子，具有修正当前偏差的作用；I 为积分因子，具有修正当前以及从前偏差的作用；D 为微分因子，具有预报未来偏差的作用。该方法是工业控制领域中一种被广泛采用的控制方法，通过比例、积分和微分因子相互配合，能够实现对偏差的有效控制[27]。

PID 控制算法现已应用到对电弧炉电极升降系统进行控制，经过仿真分析已验证 PID 控制方法的有效性，它可有效解决系统频繁扰动下积分累加的 PID 控制突变问题，提高了电极升降的灵活性[28]。

（2）专家系统算法。专家系统是一种集合了人类大量经验、知识和方法的智能计算机系统，改变了人类固有的思维方式，将专门的知识应用最大化。它将专门领域的方法、知识进行整理并存储，从而模拟人类对问题的思考过程，并使计算机能像人类专家一样智能地思考和解决问题。专家系统的一切结论，都是结合系统知识进行推理后得出的[29]。

专家系统算法现已应用到电弧炉炼钢控制专家系统上，建立了电弧炉网络预估模型，通过预估电弧炉下一时刻的状态，利用特定的优化程序对专家系统的输出做出优化补偿，给专家系统增加了预估能力，达到了使电弧电流相对稳定的状态，减少了无功功率，降低能耗并减轻对电网的伤害[30]。

（3）模糊逻辑算法。模糊逻辑系统基于模糊概念和模糊逻辑建立，是一个专门处理模糊信息的控制系统，主要由 4 个单元组成，即模糊化单元、模糊规则库、模糊推理机和反模糊化单元。设论域 U 上的点 x 表示模糊逻辑系统的输入信号，论域 V 上的点 y 表示输出信号，模糊逻辑系统能够处理模糊信号和模糊信息，其中，模糊信号不用经过模糊化处理，而模糊信息必须通过模糊化单元变成 U 上的模糊集合。最后，模糊输出要通过解模糊单元转变成明确信息，即将论域 V 上的模糊集合转化成 V 上的确定信号[31]。

模糊逻辑算法现已应用在对电弧炉电极进行调节控制上，使电弧炉冶炼达到有功功率最大化，进一步提高电弧炉的综合运行效益，降低能耗，减轻对电网的危害[32]。

（4）人工神经网络算法。人工神经网络是一种自适应非线性动态系统，由大量神经元连接组成，在构成和功能方面比计算机更加接近人脑。人工神经网络能够适应环境并总结规律，而不是按照程序机械地执行任务，它能独立完成运算、识别甚至控制。常见的神经网络算法有 BP 神经网络、RBF 网络、CMAC 神经网络等[33,34]。

人工神经网络在电弧炉炼钢领域属于较为成熟的板块，现已应用在对电极系统进行整定，对电弧炉终点温度、成分以及出钢量进行预报等方面，利用神经网络可有效改善冶炼操作，提前预知终点温度[35,36]。

（5）多支持向量机算法。支持向量聚类是一类非参数的聚类算法，是 SVM 在聚类问题中的推广。具体地，支持向量聚类首先使用核函数，通常是径向基函数核，将样本映射至高维空间，随后使用 SVDD（support vector domain description）算法得到一个闭合超曲面作为高维空间中样本点富集区域的刻画。最后，支持向量聚类将该曲面映射回原特征空间，得到一系列闭合等值线，每个等值线内部的样本都会被赋予一个类别，支持向量聚类不要求预先给定聚类个数，研究表明，支持向量聚类在低维学习样本的聚类中有稳定表现，高维样本通过其他降维（dimensionality reduction）方法进行预处理后也可进行支持向量聚类[37]。

多支持向量机算法现已应用到电弧炉电极调节系统的耦合问题上，提出了基于支持向量机的逆内模解耦制策略。根据广义电弧炉对象的 Taylor 近似模型直接推导逆控制律，消除三相之间的耦，避免了在线辨识逆模型计算量过大的问题[38]。

（6）K-means 聚类算法。聚类分析又称群分析，它是研究（样品或指标）分类问题的一种统计分析方法。聚类分析是由若干模式组成的，通常，模式是一个度量的向量，或者是多维空间中的一个点。聚类分析以相似性为基础，在一个聚类中的模式之间比不在同一聚类中的模式之间具有更多的相似性。聚类算法中常见的是 K-means 方法。K-means 算法接受输入量 k；然后将 n 个数据对象划分为 k 个聚类，以便使所获得的聚类满足：同一聚类中的对象相似度较高，而不同聚类中的对象相似度较低[39]。

K-means 聚类算法现已应用在炼钢历史数据分析、炼钢终点碳与温度预报等领域，取得了优化炼钢过程控制、提高钢水终点预报精度的效果[40]。

（7）遗传算法。遗传算法（genetic algorithm，GA）最早由美国的 John Holland 于 20 世纪 70 年代提出。该算法是根据大自然中生物体进化规律而设计提出的，是模拟达尔文生物进化论的自然选择和遗传学机理的生物进化过程的计算模型，是一种通过模拟自然进化过程搜索最优解的方法。该算法通过数学的方式，利用计算机仿真运算，将问题的求解过程转换成类似生物进化中的染色体基因的交叉、变异等过程。在求解较为复杂的组合优化问题时，与一些常规的优化算法相比，该算法通常能够较快地获得较好的优化结果。遗传算法已被广泛地应用于组合优化、机器学习、信号处理、自适应控制和人工生命等领域。

遗传算法现已应用到合理优化电弧炉供电曲线以及对终点目标温度进行预报等方面，取得了优化冶炼操作、实时检测目标终点温度及成分的效果[41]。

（8）粒子群算法。粒子群优化算法（particle swarm optimization，PSO）也称粒子群算法、微粒群算法或微粒群优化算法，是通过模拟鸟群觅食行为而发展起来的一种基于群体协作的随机搜索算法。通常认为它是群集智能（swarm intelligence，SI）的一种，可以被纳入多主体优化系统（multiagent optimization system，MAOS）。与遗传算法比较，PSO 的信息共享机制有很大不同。在遗传算法中，染色体（chromosomes）互相共享信息，所以整个种群的移动是比较均匀地向最优区域移动。在 PSO 中，只有 gBest（orlBest）提供信息给其他的粒子，这是单向的信息流动。整个搜索更新过程是跟随当前最优解的过程。与遗传算法比较，在大多数情况下，所有的粒子可能更快地收敛于最优解[42]。

粒子群算法现已应用在优化炼钢供电过程，达到了减少电量消耗、缩短冶炼时间、延长炉衬使用寿命的目的[43]。

参 考 文 献

[1] 朱荣, 刘会林. 电弧炉炼钢技术及装备 [M]. 北京: 冶金工业出版社, 2018.

[2] 森井廉, 朱果灵. 电弧炉炼钢法 [M]. 北京: 冶金工业出版社, 2006.

[3] 李士琦, 郁健, 李京社. 电弧炉炼钢技术进展 [J]. 中国冶金, 2010, 20 (4): 1-7.

[4] 杨宁川, 黄其明, 何腊梅, 等. 炼钢短流程工艺国内外现状及发展趋势 [J]. 中国钢铁业, 2010, 20 (4): 17-22.

[5] 艾磊, 何春来. 中国电弧炉发展现状及趋势 [J]. 工业加热, 2016, 45 (6): 75-80.

[6] 薛雷. 我国电弧炉炼钢技术发展现状及展望 [J]. 天津冶金, 2015 (5): 9-14.

［7］李晶，王新江．我国电弧炉炼钢发展现状［N］．世界金属导报，2018-12-11（B02）．

［8］Jie F, Wang Z, Wang X, et al. Advances in Modern EAF Steelmaking Technology of China［J］. Journal of Iron and Steel Research（International），2004（4）：1-9.

［9］朱荣，魏光升，董凯．电弧炉炼钢技术的最新发展［N］．世界金属导报，2018-11-27（B02）．

［10］朱荣，魏光升，刘润藻．电弧炉炼钢智能化技术的发展［J］．工业加热，2015，44（1）：1-6.

［11］朱荣，魏光升，董凯．电弧炉炼钢绿色及智能化技术进展［C］//第十一届中国钢铁年会论文集—S02. 北京：炼钢与连铸，2017.

［12］李勃，杨凌志，宋景凌，等．90t 电弧炉炼钢流程一键合金加料优化系统应用［J］．钢铁，2022，57（4）：58-67.

［13］刘双力，齐利国．副枪技术和烟气分析技术在自动化炼钢中的实践应用［J］．冶金能源，2021，40（3）：57-60.

［14］邢栋．炼钢电弧炉供电曲线的迭代优化［D］．沈阳：东北大学，2014.

［15］李连玉．交流电弧炉电气系统建模与优化供电制度的研究［D］．天津：天津理工大学，2011.

［16］北京科技大学冶金学院．现代电炉强化供氧技术［J］．金属世界，2003（6）：40.

［17］杨诗桐．论渣钢铁电炉炼钢供氧技术优化［J］．建材与装饰，2019（8）：206-207.

［18］Xu Y, Chen Z, Liu T. Slag foaming experiments in EAF for stainless steel production［J］. Baosteel Technical Research，2012（3）：32-36.

［19］徐曾启．炼钢过程中的泡沫渣［J］．钢铁研究，1989（3）：9-15.

［20］杨利彬．氧气顶底复合吹炼技术的发展用关键技术［C］//2018 年转炉炼钢技术交流会会议论文集（摘要），2018：15.

［21］Li Q, Li M, Zou Z. Penetration of supersonic jets impinging on bath surface in BOF steelmaking［C］//Proceedings of the the 6th International Congress on the Science and Technology of Steelmaking，2015.

［22］Naito K, Wakoh M. Recent change in refining process in Nippon Steel Corporation and metallurgical phenomena in the new process［J］. Scandinavian Journal of Metallurgy，2010，34（6）：326-333.

［23］Wakelin D H. The interaction between gas jets and the surfaces of liquids, including molten metals［J］. University of London，1966.

［24］Metzen A, Bünemann G, Greinacher J, et al. Oxygen technology for highly efficient electric arc steelmaking［J］. MTP International，2000（4）：84-92.

［25］李元文．中小型转炉自动测温取样系统的开发设计［J］．冶金动力，2019（5）：71-75.

［26］Lee M, Whitney V, Molloy N. Jet-liquid interaction in a steelmaking electric arc furnace［J］. Scandinavian Journal of Metallurgy，2001，30（5）：330-336.

［27］霍金彪．电弧炉电极调节系统 RBF 算法的研究［D］．沈阳：沈阳理工大学，2016.

［28］王奇伟．电弧炉炼钢控制系统的研究［D］．哈尔滨：哈尔滨理工大学，2016.

［29］毛鹏飞．基于模糊专家系统的电弧炉炉况判断［D］．沈阳：东北大学，2009.

［30］李生民，石争浩，孙旭霞. BP 算法的改进及其在电弧炉炼钢控制专家系统中的应用
［J］. 重型机械，2003（4）：12-14，18.

［31］殷杰，刘小河，朱海保. 电弧炉电极调节系统的模糊控制［J］. 北京机械工业学院学报，2004（3）：7-13.

［32］李强，吴朋化，苟智峰. 基于模糊神经网络的电弧炉控制系统及仿真［J］. 控制工程，2012，19（2）：336-338，354.

［33］Wu W, Dai S, Liu Y, et al. Dephosphorization stability of hot metal by double slag operation in basic oxygen furnace［J］. Journal of Iron and Steel Research（International），2017.

［34］马戎. 智能控制技术在炼钢电弧炉中的应用研究［D］. 西安：西北工业大学，2006.

［35］龚悦. 天钢 110 吨电弧炉控制系统的设计与实现［D］. 沈阳：东北大学，2010.

［36］陈淑燕，瞿高峰，黄毅. 应用 MATLAB 设计炼钢电弧炉电极模糊控制器［J］. 计算机工程与应用，2003，39（1）：220-222.

［37］梁化楼，戴贵亮. 人工神经网络与遗传算法的结合：进展及展望［J］. 电子学报，1995，23（10）：194.

［38］李磊，毛志忠，贾明兴，等. 基于支持向量机的电弧炉逆内模控制器［J］. 控制理论与应用，2010，27（11）：1455-1462.

［39］董志玮. 人工神经网络优化算法研究与应用［D］. 北京：中国地质大学，2013.

［40］王振宙，朱荣，蒋金燕，等. 基于 K-means 聚类算法的电弧炉强化用氧的优化研究［J］. 北京科技大学学报，2007（S1）：146-149.

［41］Ben-Hur A, Horn D, Siegelmann H T, et al. Support vector clustering［J］. Journal of Machine Learning Research，2001，2：125-137.

［42］Yiakopoulos C T, Gryllias K C, Antoniadis I A. Rolling element bearing fault detection in industrial environments based on a K-means clustering approach［J］. Expert Systems with Applications，2011，38（3）：2888-2911.

［43］冯琳. 改进多目标粒子群算法的研究及其在电弧炉供电曲线优化中的应用［D］. 沈阳：东北大学，2013.

2　电弧炉炼钢流程的冶金
数据库与信息化系统

2.1　冶金数据库

电弧炉炼钢流程包含诸多体现流程生产状况的工艺数据和设备运行数据。为了精确掌握生产情况，采用多种通信对电弧炉炼钢流程进行数据采集，构建电弧炉炼钢流程冶金数据库，实现电弧炉炼钢流程的数据采集与整合。

冶金数据库是建立以"炼钢理论""工艺指导"为需求的电弧炉炼钢工艺数据库，按照"冶金专家"大脑的需求，负责收集、存储、管理电弧炉炼钢流程的各种信息，为各单元模型提供数据服务和支撑，是系统在线运行、实现智能化的坚实保障。

2.1.1　电弧炉炼钢流程工位与数据分类

电弧炉炼钢流程主要包括电弧炉工序、精炼炉工序、连铸工序、余热锅炉工序、除尘工序等，如图 2-1 所示。

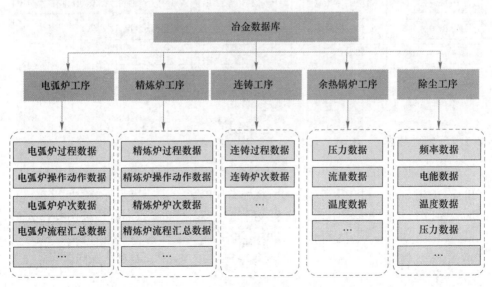

图 2-1　电弧炉炼钢冶金数据库

（1）电弧炉工序数据，包括电弧炉过程数据、电弧炉操作动作数据、电弧炉炉次数据以及电弧炉流程汇总数据等。

（2）精炼炉工序数据，包括精炼炉过程数据、精炼炉操作动作数据、精炼炉炉次数据以及精炼炉流程汇总数据等。

（3）连铸工序数据，包括连铸过程数据、连铸炉次数据等。

（4）余热锅炉工序数据，包括余热锅炉内气体压力数据、流量数据、温度数据等。

（5）除尘工序数据，包括除尘风机频率数据、除尘电能数据、除尘温度数据、除尘压力数据等。

按照数据的类型与层次进行分类，可分为基础数据（P0）、过程数据（P1）、操作动作数据（P1.5）、炉次数据（P2）与流程汇总数据（P3），如图 2-2 所示。

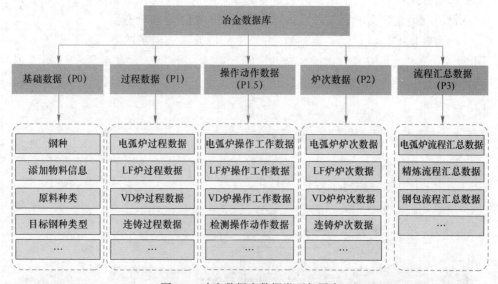

图 2-2　冶金数据库数据类型与层次

2.1.2　基础数据

基础数据（P0）是指生产过程中所包含的基本信息，包括金属料参数设定（Base_Best_Set）、料仓及其对应的原料种类（Base_Bin）、班组开始时间（Base_Class_Set）、电弧炉炼钢工艺过程录入时间（Base_Input_Time）、工位操作人员信息（Base_Person）、物料价格（Base_Price）、目标钢种信息（Base_Steel_Type）、添加物料信息（MAT）、元素收得率（MAT_Yield）、钢种冶炼标准（MAT_Steel_ID）等。

金属料参数设定表（Base_Best_Set）包含了金属料设定的上下限偏差值，用于确定金属料设定范围；料仓及其对应的原料种类表（Base_Bin）包含了料仓数量以及各个料仓所对应的原料种类等数据，用于确定加料料仓数量与加料种类。

班组开始时间表（Base_Class_Set）记录了班组开始作业时间数据；电弧炉炼钢工艺过程录入时间表（Base_Input_Time）包含电弧炉炼钢流程中各工艺（电弧炉、连铸、精炼炉等工艺过程）录入时间；工位操作人员信息表（Base_Person）包含各工位工作班组信息及班组对应操作人员信息；物料价格表（Base_Price）包含电弧炉炼钢过程各种消耗物料的单位价格；目标钢种信息表（Base_Steel_Type）包含了目标钢种规格及对应单位质量数据，反映了钢种目标要求；添加物料信息表（MAT）包括各种添加物料的名称、价格、添加方式、工序、编号等，记录了各个工序添加物料的各种信息；元素收得率表（MAT_Yield）包括C、Si、Mn、P、S等元素及其对应元素收得率信息；钢种冶炼标准表（MAT_Steel_ID）包括钢种名称、钢种成分等数据，反映了目标钢种的冶炼标准。

2.1.3 过程数据

过程数据（P1）是指生产过程中每单位时间的过程冶炼数据，是模型生成各冶炼工艺曲线的数据基础，同时也是查询、分析、优化冶炼过程的依据，详细介绍如下。

2.1.3.1 电弧炉过程数据（Process_EAF）

电弧炉过程数据包括电弧炉基本信息过程数据、电弧炉供电过程数据、电弧炉供氧过程数据、电弧炉底吹过程数据、电弧炉侧吹过程数据、电弧炉料仓过程数据等，具体各数据如下：

（1）电弧炉基本信息过程数据，包括记录时间、冶炼状态、电弧炉炉号、炉次开始小时、炉次开始分钟、炉次结束小时、炉次结束分钟、冶炼结束、出钢钢水重量、钢水测温小时、钢水测温分钟、钢水温度、实时钢水重量、铁水重量、废钢重量、炉后温度。

（2）电弧炉供电过程数据，包括供电时间、二次电流 A、二次电流 B、二次电流 C、电压 A、电压 B、电压 C、有功电耗、无功电耗。

（3）电弧炉供氧过程数据，包括供氧时间、炉壁 1 号氧设置流量、炉壁 1 号氧实际流量、炉壁 1 号氧压力、炉壁 2 号氧设置流量、炉壁 2 号氧实际流量、炉壁 2 号氧压力、炉壁 3 号氧设置流量、炉壁 3 号氧实际流量、炉壁 3 号氧压力、炉门氧设置流量、炉门氧实际流量、炉门氧压力、侧吹 1 号中心氧设置流量、侧吹 1 号中心氧实际流量、侧吹 2 号中心氧设置流量、侧吹 2 号中心氧设置流量、氧气压力、氧气流量、氧气总消耗。

（4）电弧炉底吹过程数据，包括底吹 1 号氩设置流量、底吹 1 号氩实际流量、底吹 1 号氮设置流量、底吹 1 号氮实际流量、底吹 1 号压力、底吹 2 号氩设置流量、底吹 2 号氩实际流量、底吹 2 号氮设置流量、底吹 2 号氮实际流量、底吹 2 号压力、底吹氩气压力、底吹氩气流量、底吹氩气总消耗、底吹氮气压力、底吹氮气流量、底吹氮气总消耗。

(5) 电弧炉侧吹过程数据，包括侧吹 1 号中心氮设置流量、侧吹 1 号中心氮实际流量、侧吹 1 号中心氩设置流量、侧吹 1 号中心氩实际流量、侧吹 1 号环缝氮设置流量、侧吹 1 号环缝氮实际流量、侧吹 1 号环缝氩设置流量、侧吹 1 号环缝氩实际流量、侧吹 1 号中心压力、侧吹 1 号环缝压力、侧吹 2 号中心氮设置流量、侧吹 2 号中心氮实际流量、侧吹 2 号中心氩设置流量、侧吹 2 号中心氩实际流量、侧吹 2 号环缝氮设置流量、侧吹 2 号环缝氮实际流量、侧吹 2 号环缝氩设置流量、侧吹 2 号环缝氩实际流量、侧吹 2 号中心压力、侧吹 2 号环缝压力、氩气压力、氩气流量、氩气总消耗、侧吹氮气压力、侧吹氮气流量、侧吹氮气总消耗、炭粉总消耗、炭粉实际流量、炭粉设置档位。

(6) 电弧炉料仓过程数据，包括料仓 1 称重、料仓 2 称重、料仓 3 称重、料仓 4 称重、料仓 5 称重、料仓 6 称重、料仓 7 称重、料仓 8 称重、料仓皮带 1 称重、料仓皮带 2 称重、料仓皮带 3 称重、料仓皮带 1 开关、料仓皮带 2 开关、料仓皮带 3 开关。

2.1.3.2 LF 炉过程数据 (Process_LF)

电弧炉炼钢 LF 炉过程数据，包括记录时间、LF 炉号、冶炼状态、钢水温度、氩气挡位、料仓 1 称重、料仓 2 称重、料仓 3 称重、料仓 4 称重、料仓 5 称重、料仓 6 称重、料仓 7 称重、料仓 8 称重、料仓皮带 1 称重、料仓皮带 2 称重、料仓皮带 3 称重、料仓皮带 1 开关、料仓皮带 2 开关、料仓皮带 3 开关等。

2.1.3.3 VD 炉过程数据 (Process_VD)

电弧炉炼钢 VD 炉精炼过程数据，包括记录时间、VD 炉号、冶炼状态、钢水温度、氩气档位、氩气流量、真空度、空气破空阀等。

2.1.3.4 连铸过程数据 (Process_CC)

连铸过程数据，包括连铸基本过程数据、连铸一流过程数据、连铸二流过程数据、连铸三流过程数据等，具体各数据如下：

(1) 连铸基本过程数据，包括记录时间、连铸炉号、冶炼状态结晶器进水总压力、结晶器进水温度、结晶器冷却水进水总压力、设备冷却水进水总压力、二冷雾化气总管压力、连铸温度、钢包重量 A、钢包重量 B。

(2) 连铸一流过程数据，包括一流进出水温差、一流冷却水流量、一流冷却水出口温度、一流震动频率、一流 0 段水量实际、一流 0 段水量设定、一流 1 段水量实际、一流 1 段水量设定、一流 2 段水量实际、一流 2 段水量设定、一流雾化气压力实际、一流雾化气压力设定、一流拉速、一流连铸拉坯温度、一流矫直压力。

（3）连铸二流过程数据，包括二流进出水温差、二流冷却水流量、二流冷却水出口温度、二流震动频率、二流 0 段水量实际、二流 0 段水量设定、二流 1 段水量实际、二流 1 段水量设定、二流 2 段水量实际、二流 2 段水量设定、二流雾化气压力实际、二流雾化气压力设定、二流拉速、二流连铸拉坯温度、二流矫直压力。

（4）连铸三流过程数据，包括三流进出水温差、三流冷却水流量、三流冷却水出口温度、三流震动频率、三流 0 段水量实际、三流 0 段水量设定、三流 1 段水量实际、三流 1 段水量设定、三流 2 段水量实际、三流 2 段水量设定、三流雾化气压力实际、三流雾化气压力设定、三流拉速、三流连铸拉坯温度、三流矫直压力。

2.1.3.5　除尘过程数据（Process_DS）

除尘过程数据，包括一次除尘风机过程数据、二次除尘风机过程数据等，具体各数据如下：

（1）一次除尘风机过程数据，包括除尘电机电流、除尘压差、除尘电机频率、除尘电机转速、除尘风机进口压力、除尘风机出口压力、除尘风机前轴温度、除尘风机后轴温度、除尘电机前轴温度、除尘电机后轴温度、除尘电机定子温度、除尘电机定子温度、除尘电机定子温度、除尘入口温度、除尘器进出口压差。

（2）二次除尘风机过程数据，包括二次除尘器进口温度、二次风机频率、二次风机电流、二次电机定子温度、二次电机定子温度、二次电机定子温度、二次风机轴向位移、二次风机前轴承振动、二次风机后轴承振动、二次电机前轴承温度、二次电机后轴承温度、二次风机前轴承温度、二次风机后轴承温度、二次稀油站供油压力、二次稀油站供油温度、二次稀油站油箱温度、二次除尘器入口温度、二次除尘器压差、二次风机进口压力、二次风机出口压力。

2.1.3.6　余热锅炉过程数据（Process_EG）

余热锅炉过程数据，包括软水箱水位、除氧器水位、低压汽包水位、中压汽包水位、一号蓄热器水位、二号蓄热器水位、低压水泵压力、中压水泵压力、除氧水泵压力、低压汽包压力、中压汽包压力、蓄热器输出压、供气压力、低压进水流量、低压蒸汽流量、中压进水流量、中压蒸汽流量、供气流量等。

2.1.3.7　水泵过程数据（Process_WP）

水泵过程数据，包括供水压力、精炼炉供水流量、精炼炉冷却塔电流、VD 炉供水流量、供水温度、精炼炉水冷水池水位、VD 炉水冷水池水位、精炼炉水热水池水位、VD 炉水热水池水位、炉体泵供水水压、氧枪泵供水水压、氧枪泵供水流量、炉体循环泵供水流量、炉体冷却塔电流、炉体水冷水池水位、炉体热水池水位等。

2.1.4　操作动作数据

操作动作数据（P1.5）是指生产过程中每炉次的各操作动作冶炼数据，是模型统计各炉次冶炼过程各个操作的数据基础，同时也是查询、分析、优化冶炼操作动作的依据。电弧炉炼钢过程操作动作数据包括电弧炉操作动作数据、LF炉操作动作数据、VD炉测温操作动作数据、检测操作动作数据，详细介绍如下。

2.1.4.1　电弧炉操作动作数据

电弧炉操作动作数据，包括电弧炉装料操作动作数据、电弧炉加料操作动作数据、电弧炉供电操作动作数据、电弧炉测温操作动作数据等，具体各数据如下：

（1）电弧炉装料操作动作数据（EAF_Material）。

电弧炉装料时间操作动作数据：此次装料操作动作的时间，例如"2022-01-01 01：01：01"表示2022年1月1日1点1分1秒进行了此次装料操作动作。

电弧炉装料炉号操作动作数据：此次装料操作动作的炉号，例如"D22203980"表示此次装料操作的炉号是D22203980。

电弧炉装料名称操作动作数据：此次装料操作动作加入的物料名称，例如"废钢""铁水"等。

电弧炉装料质量操作动作数据：此次装料操作动作加入的物料重量，kg。

（2）电弧炉加料操作动作数据（EAF_Charge）。

电弧炉加料中加料时间操作动作数据：此次加料操作动作的时间，例如"2022-01-01 01：01：01"表示2022年1月1日1点1分1秒进行了此次加料操作动作。

电弧炉加料炉号操作动作数据：此次加料操作动作的炉号，例如"D22203980"表示此次加料操作的炉号是D22203980。

电弧炉加料顺序操作动作数据：此炉次加同种料操作动作的顺序，例如"2"表示此种物料在本炉种第2次进行加料操作。

电弧炉加料质量操作动作数据：此次加料操作动作加入的物料质量，kg。

除此之外，电弧炉加料操作动作数据还包括加料元素含量（单位为%）等操作动作数据。

（3）电弧炉供电操作动作数据（EAF_ACC）。

电弧炉供电中时间操作动作数据：此次炉供电操作动作的时间，例如"2022-01-01 01：01：01"表示2022年1月1日1点1分1秒进行了此次供电操作动作。

电弧炉供电中炉号操作动作数据：此次供电操作动作的炉号，例如

"D22203980"表示此次供电操作的炉号是 D22203980。

电弧炉供电中供电次数操作动作数据：本炉的第几次供电，例如"2"表示此次供电是本炉的第 2 次供电。

电弧炉供电中供电量操作动作数据：此次供电的耗电量，kW·h。

(4) 电弧炉测温操作动作数据（EAF_T）。

电弧炉测温时间操作动作数据：此次测温操作动作的具体时间，例如"2022-01-01 01：01：01"表示 2022 年 1 月 1 日 1 点 1 分 1 秒进行了此次测温操作动作。

电弧炉测温炉号操作动作数据：此次测温操作动作的炉号，例如"D22203980"表示此次测温操作的炉号是 D22203980。

电弧炉测温钢水温度操作动作数据：此次测温操作动作所测量出的钢水温度，℃。

2.1.4.2 LF 炉操作动作数据

（1）LF 炉测温操作动作数据（LF_T）。

LF 炉测温时间操作动作数据：此次 LF 炉测温操作动作的具体时间，例如"2022-01-01 01：01：01"表示 2022 年 1 月 1 日 1 点 1 分 1 秒进行了此次 LF 炉测温操作动作。

LF 炉测温炉号操作动作数据：此次 LF 炉测温操作动作的炉号，例如"D22203980"表示此次 LF 炉测温操作的炉号是 D22203980。

LF 炉测温钢水温度操作动作数据：此次 LF 炉测温操作动作所测量出的钢水温度，℃。

（2）LF 炉加料操作动作数据（LF_Charge）。

LF 炉加料炉号操作动作数据：此次加料操作动作的炉号，例如"D22203980"表示此次加料操作的炉号是 D22203980。

LF 炉加料中加料时间操作动作数据：此次加料操作动作的时间，例如"2022-01-01 01：01：01"表示 2022 年 1 月 1 日 1 点 1 分 1 秒进行了此次加料操作动作。

LF 炉加料重量操作动作数据：此次加料操作动作加入的物料重量，kg。

除此之外，LF 炉加料操作动作数据还包括加料元素含量（单位为%）等操作动作数据。

2.1.4.3 VD 炉测温操作动作数据（VD_T）

VD 炉测温时间操作动作数据：此次 VD 炉测温操作动作的具体时间，例如"2022-01-01 01：01：01"表示 2022 年 1 月 1 日 1 点 1 分 1 秒进行了此次 VD 炉测温操作动作。

VD 炉测温炉号操作动作数据：此次 VD 炉测温操作动作的炉号，例如

"D22203980"表示此次 VD 炉测温操作的炉号是 D22203980。

VD 炉测温 VD 钢水温度操作动作数据：此次 VD 炉测温操作动作所测量出的钢水温度,℃。

2.1.4.4　检测操作动作数据（QC_Analysis）

检测时间操作动作数据：此次检测操作动作的具体时间，例如"2022-01-01 01：01：01"表示 2022 年 1 月 1 日 1 点 1 分 1 秒进行了此次检测操作动作。

检测炉号操作动作数据：此次检测操作动作的炉号，例如"D22203980"表示此次检测操作的炉号是 D22203980。

检测位置操作动作数据：此次检测操作动作的发生位置，例如"炉前"表示此次检测操作的发生位置是在电弧炉。

检测元素成分含量操作动作数据：此次检测的各个元素成分含量,%。

2.1.5　炉次数据

炉次数据（P2）是指生产过程中每炉次的汇总冶炼数据，是模型统计各炉次汇总数据的数据基础，同时也是查询、分析、优化炉次冶炼指标的依据。电弧炉炼钢过程炉次数据包括电炉炉次数据、精炼炉炉次数据、VD 炉炉次数据、连铸炉次数据，详细介绍如下。

2.1.5.1　电弧炉炉次数据（EAF_Heat）

电弧炉炉次数据，包括时间、电弧炉炉号、日期、炉次开始时间、炉次结束时间、班组、钢种、炉壳寿命、小炉盖寿命、出钢钢水质量、冶炼周期、供电时间、供氧时间、电耗、氧耗、氮气、氩气、炭粉、石灰、球团、镁球、萤石、氧化铁、其他金属料。

2.1.5.2　LF 炉炉次数据（LF_Heat）

LF 炉炉次数据，包括时间、LF 炉号、冶炼工位、冶炼结束时间。

2.1.5.3　VD 炉炉次数据（VD_Heat）

VD 炉炉次数据，包括时间、VD 炉号、VD 开抽时间、VD 67Pa 以下开始时间、VD 破空时间、VD 吊包时间。

2.1.5.4　连铸炉次数据（CC_Cast_Heat、CC_Cast）

连铸炉次数据，包括开浇时间、停浇时间、浇次号、浇次序号、班组、机长、记录员、钢种、规格、目标拉速、液相线、中间包车号、中间包号、烘中间包时间、烘水口时间、雾化气压、一冷水压、二冷水压、比水量、一号结晶器编号、一号结晶器过钢量、一号结晶器水流量、二号结晶器编号、二号结晶器过钢量、二号结晶器水流量、三号结晶器编号、三号结晶器过钢量、三号结晶器水流量、流数一电流、流数一频率、流数二电流、流数二频率、流数三电流、流数三频率。

连铸浇次数据，包括时间、炉号、钢包号、钢包新旧程度、引流情况、浇筑钢包编号、到达温度、到达重量、拉下重量、浇筑重量、平均温度、温度极差、一流平均拉速、一流拉速极差、二流平均拉速、二流拉速极差、三流平均拉速、三流拉速极差、标准差、一流液面自动控制、二流液面自动控制、三流液面自动控制。

2.1.6　流程汇总数据

流程汇总数据（P3）是指生产过程中整个流程的汇总冶炼数据，是模型统计整个流程汇总数据的数据基础，同时也是考核流程冶炼指标的依据。电弧炉炼钢过程流程汇总数据包括电弧炉流程汇总数据、精炼炉流程汇总数据、钢包流程汇总数据，详细介绍如下。

2.1.6.1　电弧炉流程汇总数据（Report_EAF）

电弧炉流程汇总数据，包括炉号、时间、炉次开始时间、炉次结束时间、钢种、班组、比例、炉龄、铁水量、废钢量、总料重、铁水 Si、铁水 C、出钢 P、出钢温度、放钢时间、总氧耗、供氧时间、冶炼周期、铁水重量、炉后温度、自开情况、铁钢比、冶炼石灰、萤石、硅锰、高锰、中锰、中铬、高铬、微铬、硅铁、增碳剂、钢砂铝、炉后石灰、高铝矾土。

2.1.6.2　精炼流程汇总数据（Report_LF）

精炼炉流程汇总数据，包括炉号、时间、钢种、班组、精炼炉座次、炉后温度、通电时间、三眼圈、电耗、LF 炉吊包时间、VD 炉座包时间、VD 炉座包温度、VD 炉吊包时间、VD 炉吊包温度、屏蔽盖、VD 炉开抽时间、VD 炉破空时间、VD 炉真空总时间、VD 炉 67Pa 以下保持时间、VD 炉软吹氩保持时间、VD 炉定氢含量。

2.1.6.3　钢包流程汇总数据（Report_Ladle）

钢包流程汇总数据，包括炉号、钢包号、时间、钢种、浇注班组、钢包类别、钢包包龄、上水口次数、下水口次数、透气砖次数、滑板安装班组、滑板安装日期、到包时间、连浇炉数、吊包时间、吊包温度、自开情况、换上水口钢包号、换下水口钢包号、换透气砖钢包号、换透气砖班组、补透气砖次数、清理平车、转运钢包个数、转包盖和杂分、翻渣包、规格、计划重量、工艺加罩时间、移罩移模时间、工艺脱模总时间、保护渣、稻壳、浇钢工、模铸班组、浇筑温度、第一块平板号、砌筑规格一、平板工一、锭身时间一、锭帽时间一、支数一、第二块平板号、砌筑规格二、平板工二、锭身时间二、锭帽时间二、支数二、总支数、浇完时间、可以脱模时间、实际脱模时间、异常情况、入库时间、入库支数、入库重量、修磨合格、判次、报废、入库人。

2.2 通讯与数据采集

通讯与数据采集模块主要是根据冶金数据库的数据类型、结构等要求，通过 PLC 通信技术、数据库访问与人工手动输入等方式，及时采集与整理各种现场生产数据，并将其保存到冶金数据库中，作为各单元模型指导的数据基础，如图 2-3 所示。

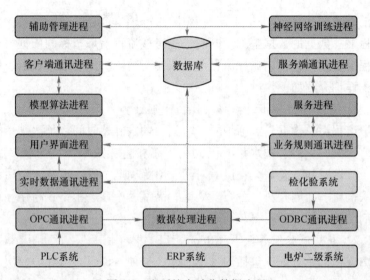

图 2-3 电弧炉自动化数据流程

通过 PLC 通讯模块界面、数据库访问界面如图 2-4 和图 2-5 所示。

PLC 通讯模块是指采集现场 PLC 数据，该模块包括过程数据、操作动作数据、炉次数据等，同时通过手工录入对这些数据进行补充完善。

数据库访问模块是指实现本地服务器与三级数据信息系统的通讯，采集无法从 PLC 中采集的钢种、生产流程等计划数据。

通过 PLC 通讯模块、数据库访问模块、手工录入模块及时将数据分类归档，存储至数据库特定表格中，该界面起到上传下发的重要作用，同时能对获取的实时数据进行数据清洗，删减空值或坏值，实现数据的储存和转换，为后续模型的稳定运行提供数据保障。

通讯与数据采集通过以下逻辑实现冶金数据库对数据的收集工作。

2.2.1 基础数据的采集

基础数据是指生产过程中所包含的基本信息，包括金属料参数设定（Base_Best_Set）、料仓及其对应的原料种类（Base_Bin）、班组开始时间（Base_Class_

No	IP	Name	Item	Value
117	140.80.0.2	CC一流雾化气压力设定	S7-300.CC1.CC一流雾化气压力设定	0.8
118	140.80.0.2	CC一流拉速	S7-300.CC1.CC一流拉速	0
119	140.80.0.2	CC一流连铸拉坯温度	S7-300.CC1.CC一流连铸拉坯温度	700.4051
120	140.80.0.3	CC二流进出水温差	S7-300.CC2.CC二流进出水温差	1.9
121	140.80.0.3	CC二流冷却水流量	S7-300.CC2.CC二流冷却水流量	0
122	140.80.0.3	CC二流冷却水出口温度	S7-300.CC2.CC二流冷却水出口温度	171
123	140.80.0.3	CC二流震动频率	S7-300.CC2.CC二流震动频率	120
124	140.80.0.3	CC二流0段水量实际	S7-300.CC2.CC二流0段水量实际	0.02777719
125	140.80.0.3	CC二流0段水量设定	S7-300.CC2.CC二流0段水量设定	1.9
126	140.80.0.3	CC二流1段水量实际	S7-300.CC2.CC二流1段水量实际	-0.00072389...
127	140.80.0.3	CC二流1段水量设定	S7-300.CC2.CC二流1段水量设定	1.65
128	140.80.0.3	CC二流2段水量实际	S7-300.CC2.CC二流2段水量实际	-0.0005791187
129	140.80.0.3	CC二流2段水量设定	S7-300.CC2.CC二流2段水量设定	0.8
130	140.80.0.3	CC二流雾化气压力实际	S7-300.CC2.CC二流雾化气压力实际	-0.00086867...
131	140.80.0.3	CC二流雾化气压力设定	S7-300.CC2.CC二流雾化气压力设定	0.8
132	140.80.0.3	CC二流拉速	S7-300.CC2.CC二流拉速	0
133	140.80.0.3	CC二流连铸拉坯温度	S7-300.CC2.CC二流连铸拉坯温度	700.4051
134	140.80.0.4	CC三流进出水温差	S7-300.CC3.CC三流进出水温差	1.9
135	140.80.0.4	CC三流冷却水流量	S7-300.CC3.CC三流冷却水流量	0
136	140.80.0.4	CC三流冷却水出口温度	S7-300.CC3.CC三流冷却水出口温度	180
137	140.80.0.4	CC三流震动频率	S7-300.CC3.CC三流震动频率	120
138	140.80.0.4	CC三流0段水量实际	S7-300.CC3.CC三流0段水量实际	0.03356409
139	140.80.0.4	CC三流0段水量设定	S7-300.CC3.CC三流0段水量设定	1.9
140	140.80.0.4	CC三流1段水量实际	S7-300.CC3.CC三流1段水量实际	-0.007957667
141	140.80.0.4	CC三流1段水量设定	S7-300.CC3.CC三流1段水量设定	1.65

图 2-4 PLC 通信技术采集软件

id	ch	mz	pz	kz	jz	mbf	pbf	pm
43482	赣K99111	73.66	16.70	0.00	56.96	新良特钢汽...	新良特钢汽...	钢锭
43483	赣K96219	50.62	15.60	0.00	35.02	新良特钢汽...	新良特钢汽...	钢锭
43484	赣K95768	30.12	16.02	0.00	14.10	新良特钢汽...	新良特钢汽...	钢锭

图 2-5 数据库访问采集软件

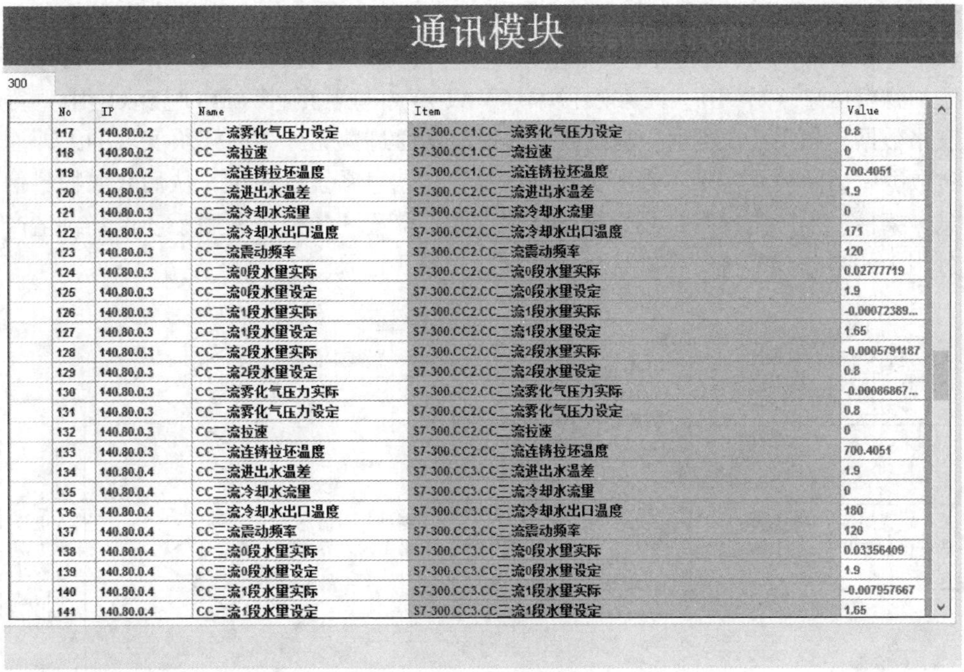

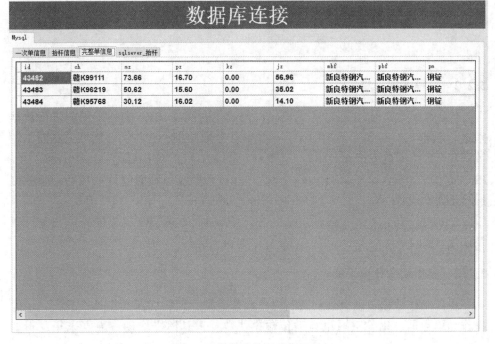

Set)、电弧炉炼钢工艺过程录入时间（Base_Input_Time）、工位操作人员信息（Base_Person）、物料价格（Base_Price）、目标钢种类型（Base_Steel_Type）、添加物料信息（MAT）、元素收得率（MAT_Yield）、钢种（MAT_Steel_ID）等表格数据，如图2-6所示。基础数据的采集是通过数据库访问模块实现的，即通过数据库访问模块实现本地服务器与三级数据信息系统的通讯，从而获取物料信息、钢种、生产流程等计划数据。在炼钢生产流程中，也可利用手动设置对生产过程中的基础数据进行手动选择、计算、采集并记录。

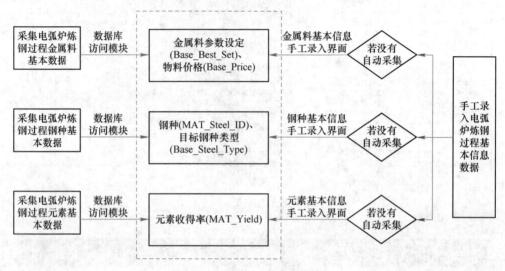

图 2-6 基本数据代码逻辑结构

2.2.2 过程数据采集

炼钢流程与 PLC 进行数据通信，以每设定时间（10s）为一个周期进行数据采集。现场 PLC 在每个周期中循环采集动作获取数据，并将循环周期采集而来的数据存至数据库过程记录表 Process_EAF、Process_LF、Process_VD、Process_CC、Process_DS、Process_EG、Process_WP 中，按照数据更新时间读取最新一条数据保存至表 Process_Now_EAF、Process_Now_LF、Process_Now_VD、Process_Now_CC、Process_Now_DS、Process_Now_EG、Process_Now_WP，方便查询与整理以及调用（图2-7）。

2.2.3 操作动作数据采集

操作工作数据包括金属料装料操作动作数据、辅料加料操作动作数据、供电操作动作数据、化验室通讯自动传输模块数据，具体操作动作数据采集逻辑如图 2-8 所示。

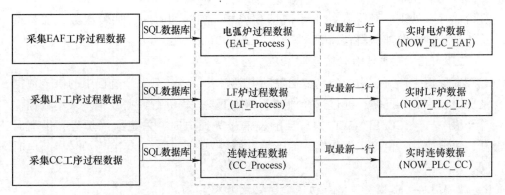

图 2-7 过程数据代码逻辑结构

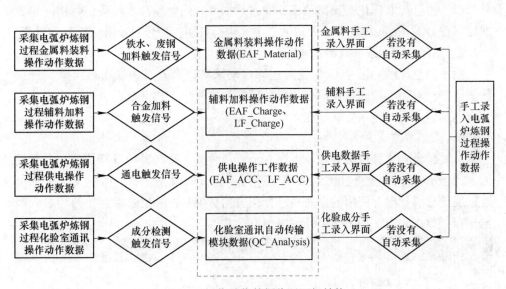

图 2-8 操作动作数据代码逻辑结构

2.2.3.1 金属料装料操作动作数据采集

当电弧炉冶炼过程中金属料加料动作触发时，通过现场 PLC 点位对获取的金属料加料数据进行采集，将得到的数据信息保存至 SQL 数据库中的表 EAF_Material 中，以实现对获取的金属物料数据进行保存。其保存的主要信息有加料的时间、金属料加料种类以及金属料加料质量等。

2.2.3.2 辅料加料操作动作数据采集

在炼钢生产流程中，辅料加料动作触发时，通过 PLC 点位对产生的辅料加料数据进行采集，将得到的数据信息保存至 SQL 数据库中的表 EAF_Charge/LF_Charge 中，同时，通过逻辑辨别出具体加料工艺过程，在此基础上通过访问数据库读取数据，并通过具体工艺保存函数对数据进行保存，以实现对辅料加料数据进行储存、处理。其保存的主要信息有炉号、加料的时间、加料次数、加料重量、加料种类及加料料仓。

2.2.3.3 供电操作动作数据采集

在炼钢生产流程中，分别以通电断电为触发信号，对生产过程中的供电数据情况进行判断，同时，通过选择性判断具体工艺过程进行数据收集，采集数据保存至表 EAF_ACC/LF_ACC 中。当触发信号为通电时，采集冶炼炉号、供电时间、供电次数、供电量等数据，而当触发信号为断电时，采集冶炼炉号、断电时间、断电次数等数据。

2.2.3.4 化验室通讯自动传输模块数据采集

在炼钢生产流程中，以化验室取样化验为触发信号，对取样化验过程与否进行判断，若进行取样化验操作动作，通过数据库访问化验数据模块，并将所得数据保存在 QC_Analysis 表中，采集数据主要包括日期、炉号以及钢液元素含量等。

2.2.3.5 手工录入数据采集

除了通过现场 PLC 点位对数据进行自动采集以及通过数据库访问模块进行数据读取，对于不设有点位或有变化的数据及实际生产参考数据也可以通过人工录入方式进行手动输入数据补充。

A 金属料信息录入

金属料录入信息包括炉号、工序、金属料种类、金属料用量等信息，当现场无 PLC 点位或者无法通过访问数据库进行信息读取时，金属料信息录入管理员通过现场反馈数据对使用的金属料进行相应信息填写，并通过保存按钮将录入数据保存至数据库中，如图 2-9 所示。

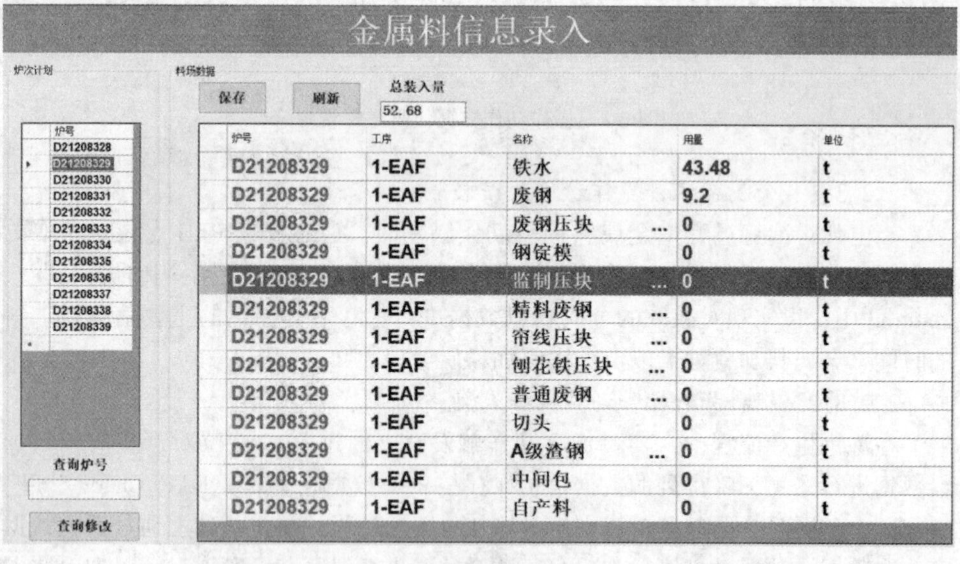

图 2-9 金属料信息录入界面

B 合金加料信息录入

合金加料录入信息包括炉号、精炼工序、合金加料种类、合金加料量等信息,当现场无 PLC 点位或者无法通过访问数据库进行信息读取时,合金加料录入管理员通过现场反馈数据对精炼工艺中使用的合金加料信息进行相应信息录入,并通过保存按钮将录入数据保存至数据库中,如图 2-10 所示。

图 2-10 合金加料信息录入界面

2.2.4 炉次数据采集

在炉次数据中,通过现场触发信号是否被触发来判断冶炼是否结束,若炉号自动切换,即新增一行数据,并记录当前冶炼炉号的阶段数据至表 EAF_Heat、LF_Heat、CC_Heat、VD_Heat。若炉号没有自动切换,也可利用手动选择来修正冶炼炉次号。在炼钢过程中,EAF、LF、VD、连铸分别通过出钢操作、吹 Ar 挡位变化、VD 室中真空度变化以及钢包回转台重量变化进行相应的炉次变化判断,如图 2-11 所示。

针对电弧炉炼钢流程中,连铸与锭坯等工序需要提供手工录入功能,开发相应模块。连铸信息录入模块界面如图 2-12 所示。

建立锭坯信息录入模块,现场锭坯质检人员可手动录入检验支数、检验重量、合格支数、合格重量、报废支数、报废重量、修磨支数、修磨重量以及修磨与报废缺陷种类等信息,对锭坯的数据进行添加,如图 2-13 所示。

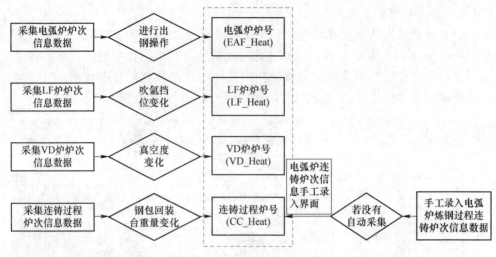

图 2-11 炉次数据代码逻辑结构

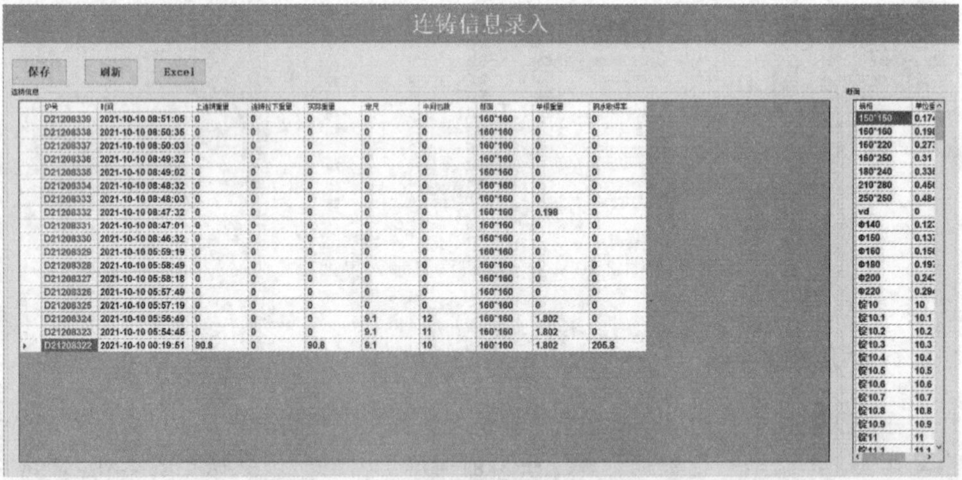

图 2-12 连铸信息录入界面

2.2.5 流程汇总数据采集

2.2.5.1 电弧炉流程汇总数据（Report_EAF）

电弧炉流程汇总表主要包括炉号、炉次开始时间、炉次结束时间、钢种、班组、炉龄、铁水量、废钢量、总料重、出钢元素成分含量（C、Si、Mn、P、S等）、出钢温度、总氧耗、辅料加料量。

电弧炉流程汇总数据主要由电弧炉现场 PLC 工位检测数据以及模型计算数据构成，汇总数据表中一部分数据通过数据库读取冶炼过程中数据表，并将数据

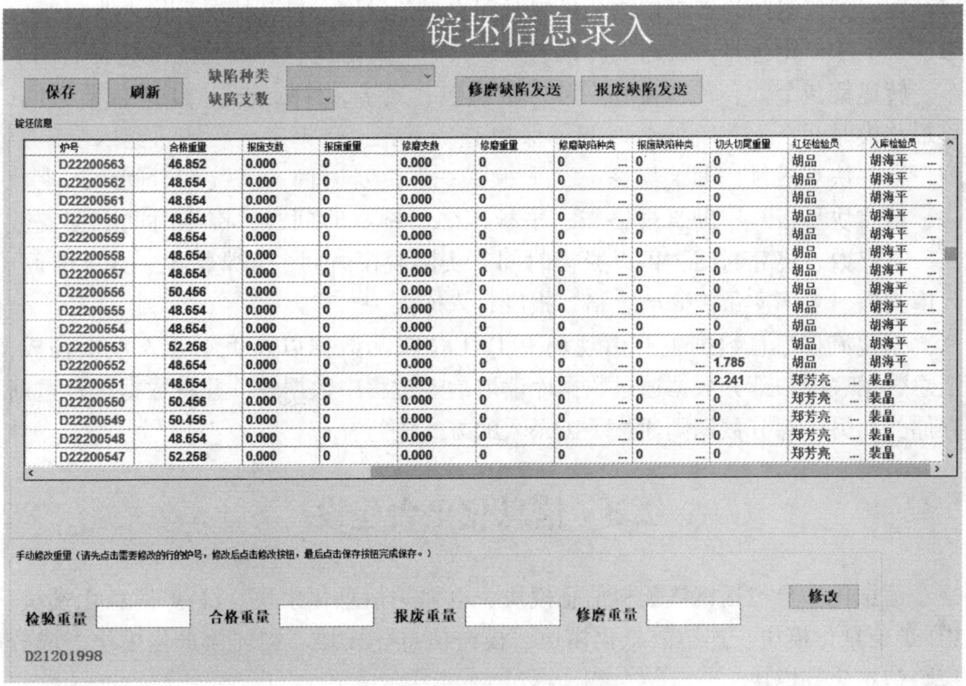

锭坯信息录入

保存　刷新　缺陷种类　　　　　修磨缺陷发送　报废缺陷发送
　　　　　　　缺陷支数

锭坯信息

炉号	合格重量	报废支数	报废重量	修磨支数	修磨重量	修磨缺陷种类	报废缺陷种类	切头切尾重量	红坯检验员	入库检验员
D22200563	46.852	0.000	0	0.000	0	0	0	0	胡品	胡海平
D22200562	48.654	0.000	0	0.000	0	0	0	0	胡品	胡海平
D22200561	48.654	0.000	0	0.000	0	0	0	0	胡品	胡海平
D22200560	48.654	0.000	0	0.000	0	0	0	0	胡品	胡海平
D22200559	48.654	0.000	0	0.000	0	0	0	0	胡品	胡海平
D22200558	48.654	0.000	0	0.000	0	0	0	0	胡品	胡海平
D22200557	48.654	0.000	0	0.000	0	0	0	0	胡品	胡海平
D22200556	50.456	0.000	0	0.000	0	0	0	0	胡品	胡海平
D22200555	48.654	0.000	0	0.000	0	0	0	0	胡品	胡海平
D22200554	48.654	0.000	0	0.000	0	0	0	0	胡品	胡海平
D22200553	52.258	0.000	0	0.000	0	0	0	0	胡品	胡海平
D22200552	48.654	0.000	0	0.000	0	0	0	1.785	胡品	胡海平
D22200551	48.654	0.000	0	0.000	0	0	0	2.241	郑芳亮	裴晶
D22200550	50.456	0.000	0	0.000	0	0	0	0	郑芳亮	裴晶
D22200549	50.456	0.000	0	0.000	0	0	0	0	郑芳亮	裴晶
D22200548	48.654	0.000	0	0.000	0	0	0	0	郑芳亮	裴晶
D22200547	52.258	0.000	0	0.000	0	0	0	0	郑芳亮	裴晶

手动修改重量（请先点击需要修改的行的炉号，修改后点击修改按钮，最后点击保存按钮完成保存。）

修改

检验重量　　　　　合格重量　　　　　报废重量　　　　　修磨重量

D21201998

图 2-13　锭坯录入界面

进行重新存储，而另一部分数据则由基本数据、过程数据通过模型进行计算，返回计算值，并通过数据库存储至汇总表，无法通过工位进行获取的数据则可以通过手工录入的方式进行补充。

2.2.5.2　精炼流程汇总数据（Report_LF）

精炼炉流程汇总数据，包括炉号、时间、钢种、班组、精炼炉座次、炉后温度、通电时间、三眼圈、电耗、LF 炉吊包时间、VD 炉座包时间、VD 炉座包温度、VD 炉吊包时间、VD 炉吊包温度、屏蔽盖、VD 炉开抽时间、VD 炉破空时间、VD 炉真空总时间、VD 炉 67Pa 以下保持时间、VD 炉软吹氩保持时间、VD 炉定氢含量、VD–模铸。

精炼流程汇总数据主要由现场 PLC 工位检测数据以及模型计算数据构成，汇总数据表中一部分数据通过数据库读取冶炼过程中数据表，并将数据进行重新存储，而另一部分数据则由基本数据、过程数据通过模型进行计算，返回计算值，并通过数据库存储至汇总表，无法通过工位进行获取的数据则可以通过手工录入的方式进行补充。

2.2.5.3　钢包流程汇总数据（Report_Ladle）

钢包流程汇总数据，包括炉号、钢包号、时间、钢种、浇注班组、钢包类别、钢包包龄、上水口次数、下水口次数、透气砖次数、滑板安装班组、滑板安装日期、到包时间、连浇炉数、吊包时间、吊包温度、自开情况、换上水口钢包号、换下水口钢包号、换透气砖钢包号、换透气砖班组、补透气砖次数、清理平车、转运钢包个数、转包盖和杂分、翻渣包、规格、计划重量、工艺加罩时间、移罩移模时间、工艺脱模总时间、保护渣、稻壳、浇钢工、模铸班组、浇筑温度、第一块平板号、砌筑规格一、平板工一、锭身时间一、锭帽时间一、支数一、第二块平板号、砌筑规格二、平板工二、锭身时间二、锭帽时间二、支数二、总支数、浇完时间、可以脱模时间、实际脱模时间、异常情况、入库时间、入库支数、入库质量、修磨合格、报废、入库人。

钢包流程汇总数据主要由现场 PLC 工位检测数据以及手工录入数据构成，汇总数据表中一部分数据通过数据库读取冶炼过程中数据表，并将数据进行重新存储，而另一部分数据则通过手工录入的方式进行补充。

2.3 信息化平台建设

信息化平台包括钢铁配料信息模块、电弧炉信息化模块、LF 炉信息化模块、VD 炉信息化模块、连铸信息化模块、模铸信息化模块、锭坯信息化模块、成分检测信息化等模块。

2.3.1 钢铁配料信息模块

钢铁配料信息模块为现场操作人员提供了解钢铁料配料的可视化界面，全面展示钢铁配料过程各种静态与动态数据，如图 2-14 所示。

钢铁配料信息模块包括查询条件、基本数据、物料成本数据、质量数据等模块：

（1）查询条件。查询条件分为按时间查询与按炉号查询两大类，在此基础上，还设置有班次、钢种等进一步的查询条件，能够对特定时间段（炉次）中的特定钢种（班次）进行数据查询。

（2）基本数据。基本数据界面记录了特定时间段（炉次）的基本数据，这些基本数据包括时间、炉号、班组、钢种、炉壳寿命、小炉盖寿命、出钢钢水重量、实际重量、冶炼周期、供电时间、供氧时间及各种添加物消耗等信息。

（3）物料成本数据。炉次物料成本数据界面记录了特定时间段（炉次）中电弧炉炼钢各个环节的成本数据，这些成本数据包括时间、炉号、班组、电炉辅料成本、电炉成本、吨钢电炉成本、金属料成本等数据。

（4）质量数据。质量数据包括炉次钢样化验结果以及测温信息，炉次钢样化验结果包含了炉次信息、炉中各种元素的百分含量、冶炼钢种等信息，而测温信息包含炉号、测温时间、钢水温度等信息，质量数据界面记录了各炉次钢样的成分及温度数据。

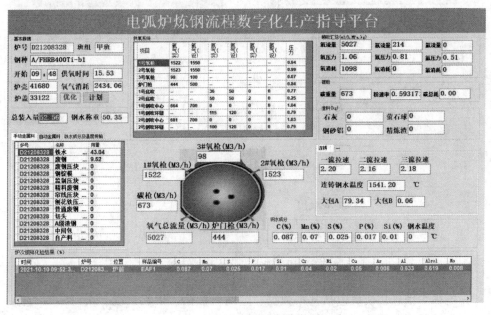

图 2-14 钢铁配料数据查询界面

2.3.2 电弧炉信息化模块

电弧炉信息化模块为现场操作人员提供了解电弧炉工序冶炼状况的可视化界面，全面展示电弧炉炼钢过程各种静态与动态数据，如图 2-15~图 2-19 所示。

图 2-15 电弧炉信息化模块界面

炉号	时间	钢种	计划产量	规格	热定尺	冷定尺	工艺路线	备注
D21208328	2021-10-10 ...	A/FHRB400...	850	160*160	9.23	9.10	EAF-LF-CC ...	
D21208329	2021-10-10 ...	A/FHRB400...	850	160*160	9.23	9.10	EAF-LF-CC ...	
D21208330	2021-10-10 ...	A/FHRB400...	850	160*160	9.23	9.10	EAF-LF-CC ...	
D21208331	2021-10-10 ...	A/FHRB400...	850	160*160	9.23	9.10	EAF-LF-CC ...	
D21208332	2021-10-10 ...	A/FHRB400...	850	160*160	9.23	9.10	EAF-LF-CC ...	
D21208333	2021-10-10 ...	A/FHRB400...	850	160*160	9.23	9.10	EAF-LF-CC ...	
D21208334	2021-10-10 ...	A/FHRB400...	850	160*160	9.23	9.10	EAF-LF-CC ...	
D21208335	2021-10-10 ...	A/FHRB400...	850	160*160	9.23	9.10	EAF-LF-CC ...	
D21208336	2021-10-10 ...	A/FHRB400...	850	160*160	9.23	9.10	EAF-LF-CC ...	

图 2-16　电弧炉计划管理界面

图 2-17　手动金属料

图 2-18　自动金属料

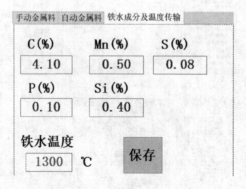

图 2-19　铁水成分及温度传输

电弧炉信息化模块包括基本数据、金属料数据、供氧系统、炭粉喷吹数据、渣料加料数据、喷吹汇总、炉次钢样化验结果等：

（1）基本数据。基本数据模块包括实时炉号、班组、目标钢种、冶炼开始时间、供氧时间、氧气消耗量等信息，展现了电弧炉实时冶炼的基本数据，同时，在基本数据中设有计划按钮，通过计划按钮进行查看动作，能够查看钢种计划炉次、产量等信息。

（2）金属料数据。金属料数据模块包括炉号及炉号对应所使用的金属料的种类、重量等信息，提供了每个炉号所对应的炉料结构。金属料数据分为手动金属料和自动金属料，自动金属料通过现场点位自动采集，实时记录了废钢和铁水的重量，手动金属料信息则通过人工进行录入，记录了炉次所对应的金属料消耗量。

（3）供氧系统。供氧系统实时记录了电弧炉炼钢过程中各个工位的实际氧耗以及氧气压力，包括1-3号氧枪、炉门氧枪、1-2号底吹、1-2号侧吹的实时氧气消耗以及氧气压力等数据。同时，供氧系统具有图示，形象生动地展示了各氧枪的实时氧气流量消耗以及实时氧气总流量消耗。

（4）炭粉喷吹数据。炭粉喷吹模块记录了炭粉喷吹的实时速率、喷入的炭粉重量以及碳的总消耗。

（5）渣料加料数据。渣料模块记录了各种渣料：石灰、萤石球、钢砂铝、精炼渣的加入量数据，单位为 kg。

（6）喷吹汇总。喷吹汇总模块包含了喷吹物料：氧气、氮气、氩气的喷吹流量、压力以及总消耗等信息，反映了喷吹物料的实时以及整体消耗的信息。

（7）炉次钢样化验结果。炉次钢样化验结果模块包含了时间、炉号及炉号对应的检测样品的元素化学分析，包含钢液中各种元素的含量（单位为%），而其中最主要的 C、Si、Mn、P、S 元素含量以及钢水温度则进一步单独显示，充分展现了钢水的成分与温度信息。

2.3.3 LF炉信息化模块

LF炉信息化模块为现场操作人员提供了解LF炉工序冶炼状况的可视化界面，全面展示了LF炉精炼过程各种静态与动态数据，如图2-20~图2-23所示。

LF炉信息化模块，包括炉号选择及传输、精炼炉信息、连铸信息、最近炉次信息、成分查询、质量信息、合金加料等模块：

（1）炉号选择及传输。炉号选择及传输模块包含炉号信息，同时含有炉号选择及冶炼状态改变动作模块，通过炉号选择可以进行精炼炉炉号的切换，而通过点击冶炼状态按钮则可以进行精炼炉冶炼状态的改变。

（2）精炼炉信息。精炼炉信息模块显示了当前状态下精炼炉冶炼的基本信息，包括精炼炉炉号、钢水质量、冶炼目标钢种等信息。以此，可以对精炼过程要求进行初步预估。

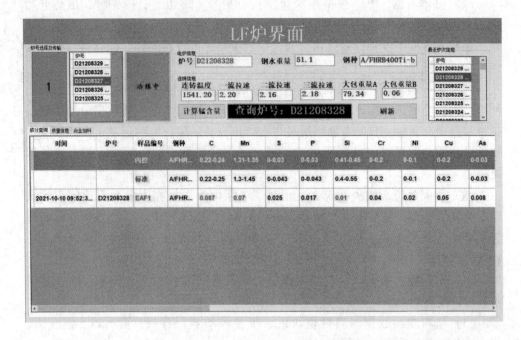

图 2-20 LF 炉信息化界面（冶炼中状态）

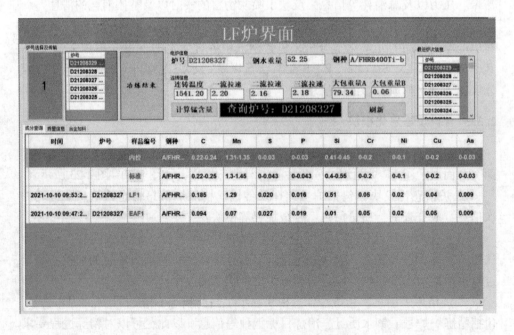

图 2-21 LF 炉信息化界面（冶炼结束状态）

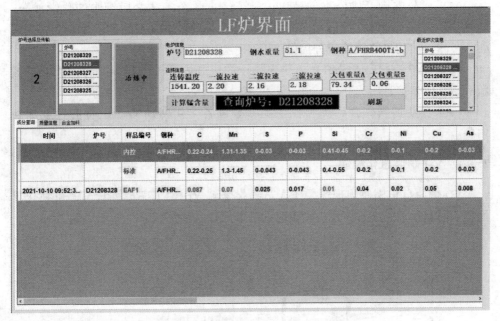

图 2-22 LF 炉信息化界面（切换精炼炉炉号）

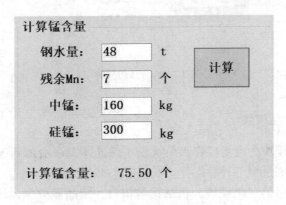

图 2-23 精炼炉界面计算锰含量

（3）连铸信息。连铸信息模块显示了当前状态下连铸过程的参数信息，包括连铸温度，1 流、2 流、3 流拉速以及 A、B 两个大包各自的质量等信息。以此，可以对精炼过程要求进行初步预估。同时，连铸信息模块还含有锰含量计算按钮，通过锰含量计算按钮进行锰含量计算操作动作，能够计算出经精炼加料之后钢水中锰的含量。

（4）最近炉次信息。最近炉次模块显示了最近精炼炉冶炼的各个炉号，通过选择炉号能够查询最近冶炼的精炼炉成分、质量信息。

（5）成分查询。成分查询模块记录了经过各个工艺之后钢水的化学成分，同时，该模块还拥有内控值和标准值，能够监控过程中钢水的化学成分变化，从而为预测、控制最终钢铁成分提供可能。

（6）质量信息。质量信息模块为统计的成分内容中的最新一行，反映了最新的钢水成分信息。

（7）合金加料。合金加料模块能够查询各个炉号所对应进行的合金加料内容。

2.3.4 VD 炉信息化模块

VD 炉信息化模块为现场操作人员提供了解 VD 炉工序冶炼状况的可视化界面，实时显示 VD 炉的炉号、测温时间、温度以及冶炼状态，如图 2-24 所示。

图 2-24 VD 炉界面

2.3.5 连铸信息化模块

连铸信息化模块为现场操作人员提供了解连铸工序冶炼状况的可视化界面，全面展示了连铸炼过程各种静态与动态数据，如图 2-25 所示。

连铸实时数据信息化模块，包括钢包信息，结晶器数据，连铸一流、二流、三流数据及实际-设定等模块：

（1）钢包信息。钢包信息模块实时反映了钢包 A、钢包 B 的质量以及连铸钢水的温度，提供了连铸的基本信息。

（2）结晶器数据。结晶器数据模块反映了结晶器实时的工作状态，包含结晶器进水总压力、结晶器进水温度、结晶器冷却水进水总压力、设备冷却水进水总压力、二次雾化气总管压力等数据。

（3）连铸一流、二流、三流数据。连铸一流、二流、三流数据模块反映了连铸过程的工作状态，实时展现了拉速、进出水温差、冷却水流量、冷却水出口温度、震动频率、矫直压力等数据。

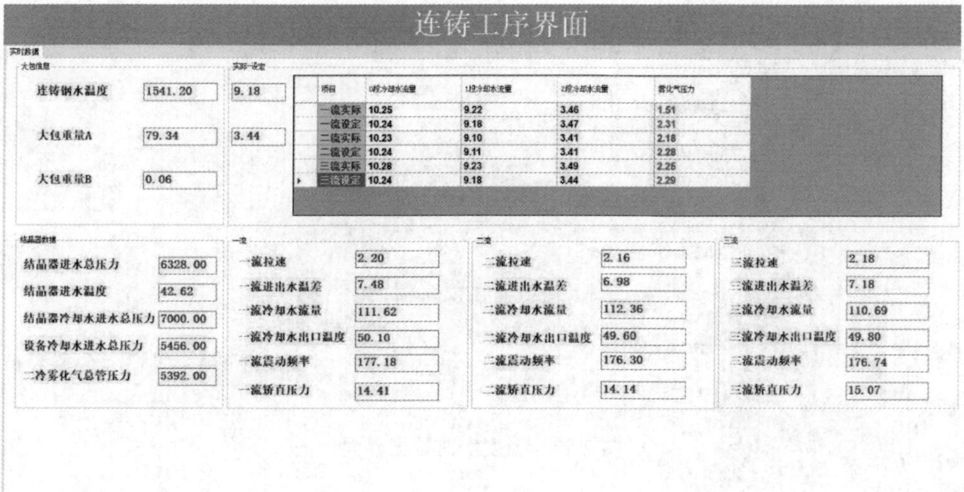

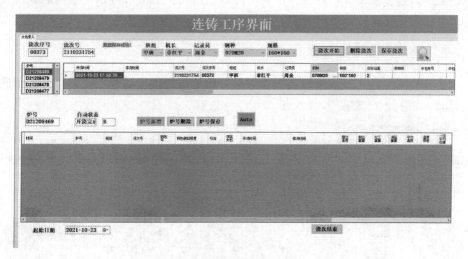

图 2-25　连铸工序界面

　　建立连铸自动化报表模型，通过连铸开浇及停浇逻辑，自动获取每一浇次对应炉次的相关信息。通过计算得出每一炉次所需要查看的计算值。浇次信息通过手工下拉选择录入的方式来开始及停止浇次。炉次根据实时钢包重量 *A* 及钢包重量 *B* 获取当前炉次开浇时间及停浇时间。自动生成每一浇次对应的炉次。具体如图 2-26 所示。

图 2-26　连铸钢包录入界面

　　增加温度实时数据界面，实时监测每炉次测温时间及测温温度，如图 2-27 所示。

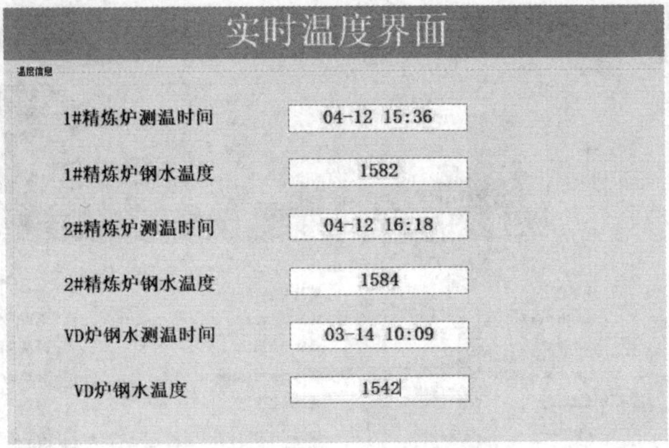

图 2-27 温度实时数据界面

温度实时数据界面提供了实时 1 号、2 号精炼炉测温时间及对应的温度和 VD 炉的测温时间及对应的温度，能够对精炼炉和 VD 炉测温数据进行实时监测。

2.3.6 模铸信息化模块

模铸信息化模块为现场操作人员提供了解模铸工序冶炼状况的可视化界面，实时显示炉号、温度等信息，并设置冶炼结束按钮，点击后可以使模铸的状态变为结束状态，同时在调度界面中，模铸的形态也会相应地改变。

2.3.7 成分检测信息化模块

成分检测信息化模块为现场操作人员、质检员提供了解钢水化学成分的可视化界面，如图 2-28 和图 2-29 所示。

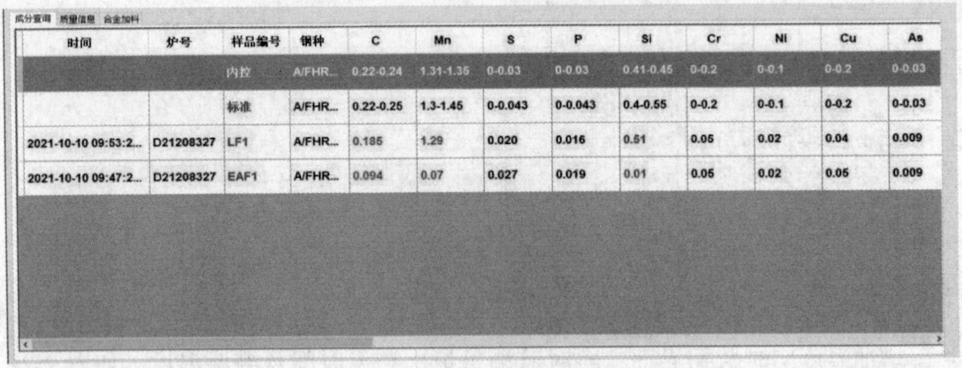
成分查询 质量信息 合金加料

时间	炉号	样品编号	钢种	C	Mn	S	P	Si	Cr	Ni	Cu	As
		内控	A/FHR...	0.22-0.24	1.31-1.35	0-0.03	0-0.03	0.41-0.45	0-0.2	0-0.1	0-0.2	0-0.03
		标准	A/FHR...	0.22-0.25	1.3-1.45	0-0.043	0-0.043	0.4-0.55	0-0.2	0-0.1	0-0.2	0-0.03
2021-10-10 09:53:2...	D21208327	LF1	A/FHR...	0.185	1.29	0.020	0.016	0.51	0.05	0.02	0.04	0.009
2021-10-10 09:47:2...	D21208327	EAF1	A/FHR...	0.094	0.07	0.027	0.019	0.01	0.05	0.02	0.05	0.009

图 2-28 炉次元素成分显示界面

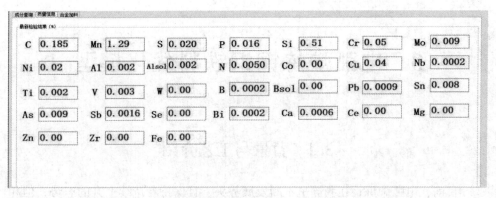

图 2-29 最新检测成分界面

　　成分检测信息化模块采集化验室工位传输数据库，将最新成分显示至各工位，并提供查询每炉次成分信息（点击右方炉号可查看成分信息），同时增加成分预警功能，当某一元素含量超过标准界限，在各界面上方会出现"成分超标"提醒，若点击此信息，可跳转至质量查询界面，方便工作人员及时调整钢水成分，使之达到出钢要求。

　　成分检测信息化模块，包括炉次成分显示与最新检测成分模块界面：

　　（1）炉次成分显示界面。成分检测信息化模块的炉次成分显示界面显示经过各个工序之后钢水的化学元素组成成分，能够监控过程中钢水的化学成分变化，同时，界面还显示内控值和标准值的对照，体现冶炼进度，为冶炼操作提供目标成分数据基础。

　　（2）最新检测成分界面。成分检测信息化模块的最新检测成分界面详细显示此炉次的最新成分检测数据，让操作人员与管理人员掌握此炉次的冶炼进度。

3 电弧炉炼钢钢铁料优化模型

3.1 背景与工艺介绍

目前，电弧炉炼钢在我国呈不断发展势头，且保持着持续上升的态势，但相较于国外电弧炉炼钢技术仍有较大差距[1]。电弧炉炼钢的主要原料包括金属料、氧化剂以及造渣材料。金属料是原料的主要成分，金属料包括铁水、直接还原铁、废钢、生铁等。由于我国废钢资源短缺，价格相对较高，多数钢厂及研究人员将目标转向了铁水，准确控制铁水成分、重量以及废钢重量、成分将是提高钢液质量的重要工作[2~5]。本章节针对某炼钢厂的实际工艺情况、从模型构建理论、模型开发、功能介绍以及应用效果等方面介绍电弧炉炼钢钢铁料优化模型案例。

某炼钢厂现有 1 台 90t 电弧炉、2 台 45t 电弧炉，其中，45t 电弧炉采用了全铁水冶炼工艺[6]，其铁水合理配比对冶炼的顺行格外重要。现如今，钢铁料的分配依靠经验计算，未充分考虑铁水成分、铁水温度、铁水包运输温降的影响，造成电弧炉冶炼过程中对出钢温度难以准确把控。为了保证电弧炉出钢最低温度的冶炼顺行要求，实际冶炼过程中时常会提高铁水的配比，造成电弧炉出钢温度超过 1650℃ 的炉次超过总炉次的 25%，增加了能耗与耐材的消耗。

钢铁配料实行分罐站-配料站-电弧炉的工艺流程。其主要流程如下：

（1）分罐站。分罐站的作用是将火车运输过来的大铁水包在分罐站进行小罐分罐操作，将大铁水包中的铁水分入小铁水包中。其目的为分配符合电弧炉冶炼的实际铁水重量。目前分罐站的操作通过现场技术人员的理论经验，不能进行精准分罐，对电弧炉终点出钢温度存在影响。现场工位示意图如图 3-1 所示。

（2）配料站。配料站根据分罐站分配后的实际铁水重量，计算出废钢配比，通过行车进行废钢采集并称重，其目的为分配符合电弧炉冶炼的实际废钢重量。目前配料站实行预配废钢操作，没有计划废钢重量数据进行实时指导。导致最终出钢温度以及出钢重量的不稳定。现场工位示意图如图 3-2 所示。

（3）电弧炉。电弧炉先将配料站运输来的废钢加入炉内，再将铁水包中的铁水倒入炉内进行冶炼。现场工位示意图如图 3-3 所示。

目前工艺配料流程操作并未考虑铁水成分、废钢成分及温度的影响，无法准确量化铁水中带来的物理热、化学热以及废钢熔化过程中所需要吸收的热量，在

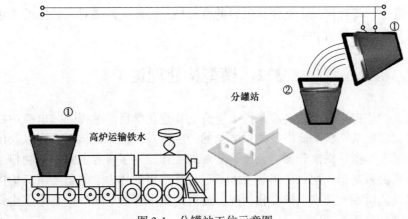

图 3-1 分罐站工位示意图

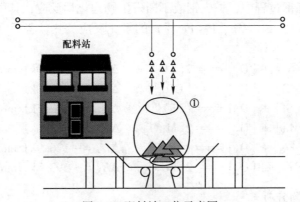

图 3-2 配料站工位示意图

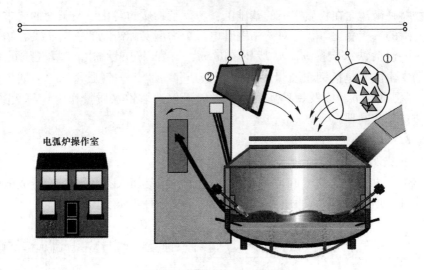

图 3-3 电弧炉工位示意图

一定程度上，将直接决定钢铁料配料的合理性。因此，需要对入炉内的铁水及废钢能量平衡进行分析。

3.2　模型构建理论

电弧炉炼钢是一个在高温条件下进行的物理化学反应过程[7]，电弧炉炼钢钢铁料优化需要从物料平衡以及能量平衡的角度出发，在保证出钢温度以及出钢重量的情况下，指导铁水分罐以及废钢分配的工作。为了研究电弧炉内物料平衡及能量平衡关系对钢铁配料的影响，本章节将从电弧炉热力学的角度研究炉内物料平衡以及能量收入及支出的变化情况。通过能量平衡对电弧炉钢水终点出钢温度的变化进行分析。

在电弧炉炼钢过程中，炉内钢液不断发生物理化学反应，其中，化学反应热包括主要元素（C、Si、Mn、P、Fe 等）的氧化反应放热，各元素热化学方程式如下：

$$2[C] + [O_2] = 2[CO] \qquad \Delta H_1 = -52.40\text{kJ/mol} \qquad (3\text{-}1)$$
$$[C] + [O_2] = [CO_2] \qquad \Delta H_2 = -94.20\text{kJ/mol} \qquad (3\text{-}2)$$
$$[Si] + [O_2] = [SiO_2] \qquad \Delta H_3 = -217.5\text{kJ/mol} \qquad (3\text{-}3)$$
$$2[Mn] + [O_2] = 2[MnO] \qquad \Delta H_4 = -183.6\text{kJ/mol} \qquad (3\text{-}4)$$
$$2[Fe] + [O_2] = 2[FeO] \qquad \Delta H_5 = -126.9\text{kJ/mol} \qquad (3\text{-}5)$$
$$4[Fe] + 3[O_2] = 2[Fe_2O_3] \qquad \Delta H_6 = -193.7\text{kJ/mol} \qquad (3\text{-}6)$$

3.2.1　物料平衡分析

物料平衡建立在物质守恒的基础上，考虑了物质的转化以及碱度的要求，铁烧损、碳的二次氧化等，针对衡阳钢管电弧炉冶炼实际情况的物料收支，物料的收入主要包括铁水质量 $m_{\text{H.M}}^{\text{In}}$、废钢质量 $m_{\text{Scrap}}^{\text{In}}$、石灰质量 $m_{\text{CaO}}^{\text{In}}$、氧气质量 $m_{\text{O}_2}^{\text{In}}$。物料的支出主要包括钢水质量 $m_{\text{Steel}}^{\text{Out}}$、炉渣质量 $m_{\text{Slag}}^{\text{Out}}$、炉气质量 $m_{\text{Lq}}^{\text{Out}}$、烟尘质量 $m_{\text{Yc}}^{\text{Out}}$、喷溅质量 $m_{\text{Pj}}^{\text{Out}}$ 以及铁珠质量 $m_{\text{Tz}}^{\text{Out}}$（以下仅选取铁水质量作为计算表达式，废钢质量部分同理）。

3.2.1.1　物料收入

（1）铁水质量 $m_{\text{H.M}}^{\text{In}}$、废钢质量 $m_{\text{Scrap}}^{\text{In}}$ 为已知项。

（2）石灰质量 $m_{\text{CaO}}^{\text{In}}$。在电弧炉冶炼过程中需要加入石灰调整炉渣成分，因此需要计算加入的石灰质量，取终渣碱度为 3.2。有效 m_{CaO} 为：

$$m_{\text{CaO}} = M_{\text{Slag}}^{\text{CaO}} - M_{\text{Slag}}^{\text{SiO}_2} \times 3.2 \qquad (3\text{-}7)$$

$$m_{\text{CaO}}^{\text{In}} = \frac{3.2 \times (YHCW_{\text{SiO}_2} + m_{\text{QT}}^{\text{SiO}_2} + m_{\text{TSZ}}^{\text{SiO}_2} + m_{\text{BMQ}}^{\text{SiO}_2} + m_{\text{YS}}^{\text{SiO}_2} + m_{\text{JZC}}^{\text{SiO}_2}) - (YHCW_{\text{CaO}} + m_{\text{QT}}^{\text{CaO}} + m_{\text{TSZ}}^{\text{CaO}} + m_{\text{BMQ}}^{\text{CaO}} + m_{\text{YS}}^{\text{CaO}} + m_{\text{JZC}}^{\text{CaO}})}{m_{\text{CaO}}}$$

$$(3\text{-}8)$$

式中，$YHCW_{SiO_2}$ 为 [Si] 元素氧化反应生成的 SiO_2 的质量，kg；$m_{QT}^{SiO_2}$ 为球团中的 SiO_2 的质量，kg；$m_{TSZ}^{SiO_2}$ 为铁水渣中的 SiO_2 的质量，kg；$m_{BMQ}^{SiO_2}$ 为白镁球中的 SiO_2 的质量，kg；$m_{YS}^{SiO_2}$ 为萤石中的 SiO_2 的质量，kg；$m_{JZC}^{SiO_2}$ 为溅渣层中的 SiO_2 的质量，kg；$YHCW_{CaO}$ 为 [Ca] 元素氧化反应生成的 CaO 的质量，kg；m_{QT}^{CaO} 为球团中的 CaO 的质量，kg；m_{TSZ}^{CaO} 为铁水渣中的 CaO 的质量，kg；m_{BMQ}^{CaO} 为白镁球中的 CaO 的质量，kg；m_{YS}^{CaO} 为萤石中的 CaO 的质量，kg；m_{JZC}^{CaO} 为溅渣层中的 CaO 的质量，kg。

（3）氧气质量 $m_{O_2}^{In}$。氧气质量主要包括元素氧化耗氧 $m_{O_2}^{Reaction}$、自由氧质量 $m_{O_2}^{Free}$、烟尘铁氧化消耗氧 $m_{O_2}^{YC}$、矿石中 [P] 元素耗氧 $m_{O_2}^{KS}$，同时包括氧气收入矿石分解带入的 $m_{O_2}^{KS-In}$、铁水以及石灰中 [S] 元素把 CaO 还原出来的氧 $m_{O_2}^{S-In}$。

综上，有

$$m_{O_2}^{In} = m_{O_2}^{Reaction} + m_{O_2}^{Free} + m_{O_2}^{YC} + m_{O_2}^{KS} - m_{O_2}^{KS-In} - m_{O_2}^{S-In} \tag{3-9}$$

3.2.1.2 物料支出

由于物料支出无法客观准确地测量到，因此设立了相应的假设条件，炉渣中铁珠量为渣量的 5.00%，喷溅损失为铁水量的 0.8%，烟尘量为铁水量的 1.6%。

（1）烟尘质量：

$$m_{Yc}^{Out} = 0.016 \times m_{H.M}^{In} \tag{3-10}$$

（2）炉渣质量：

$$m_{Slag}^{Out} = m_{FeO} + m_{Fe_2O_3} + m_{SH} + m_{QTK} + m_{BMQ} + m_{YS} \tag{3-11}$$

式中，m_{FeO} 为氧化亚铁的质量，kg；$m_{Fe_2O_3}$ 为三氧化二铁的质量，kg；m_{SH} 为石灰质量，kg；m_{QTK} 为球团矿质量，kg；m_{BMQ} 为白镁球质量，kg；m_{YS} 为萤石质量，kg。

（3）炉气质量。炉气质量为各元素与氧气发生反应产生的气体的质量：

$$m_{Lq}^{Out} = YHCW_{CO} + YHCW_{CO_2} + YHCW_{SiO_2} + YHCW_{MnO} + YHCW_{P_2O_5} + YHCW_{SO_2} + \\ YHCW_{CaS} + YHCW_{FeO} + YHCW_{Fe_2O_3} \tag{3-12}$$

式中，$YHCW_{CO}$ 为生成 CO 的质量，kg；$YHCW_{CO_2}$ 为生成 CO_2 的质量，kg；$YHCW_{SiO_2}$ 为生成 SiO_2 的质量，kg；$YHCW_{MnO}$ 为生成 MnO 的质量，kg；$YHCW_{P_2O_5}$ 为生成 P_2O_5 的质量，kg；$YHCW_{SO_2}$ 为生成 SO_2 的质量，kg；$YHCW_{CaS}$ 为生成 CaS 的质量，kg；$YHCW_{FeO}$ 为生成 FeO 的质量，kg；$YHCW_{Fe_2O_3}$ 为生成 Fe_2O_3 的质量，kg。

（4）喷溅质量 m_{Pj}^{Out}：

$$m_{Pj}^{Out} = 0.008 \times m_{H.M}^{In} \tag{3-13}$$

（5）铁珠质量 m_{Tz}^{Out}：

$$m_{Tz}^{Out} = m_{Slag}^{Out} \times 0.05 \tag{3-14}$$

（6）钢水质量 m_{Steel}^{Out}：

$$m_{\text{Steel}}^{\text{Out}} = m_{\text{H.M}}^{\text{In}} - m_{\text{Tz}}^{\text{Out}} - m_{\text{Pj}}^{\text{Out}} - m_{\text{Lq}}^{\text{Out}} - m_{\text{YC}}^{\text{Fe}} + m_{\text{O}_2}^{\text{KS-In}} \qquad (3-15)$$

式中，$m_{\text{YC}}^{\text{Fe}}$ 为烟尘中铁损失，kg。

3.2.2 能量平衡分析

铁水、废钢在电弧炉炼钢过程中的能量平衡关系如图 3-4 和图 3-5 所示。

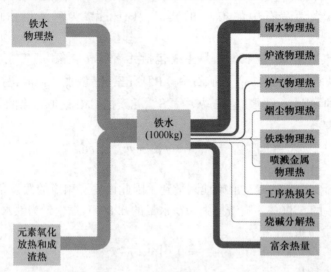

图 3-4 铁水能量平衡分析

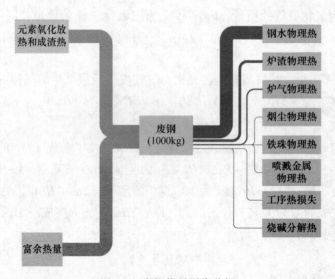

图 3-5 废钢能量平衡分析

电弧炉冶炼实际情况的能量收支为：能量的收入主要包括铁水物理热 $Q_{\text{H.M}}^{\text{In}}$、

炉内化学反应放热 Q_R；能量的支出主要包括钢水物理热 Q_{Steel}^{Out}、炉渣物理热 ε_1、矿石分解热 ε_2、烟尘物理热 ε_3、炉气物理热 ε_4、喷溅物理热 ε_5 以及工序热损失 ε_6。铁水富余热量为 $Q_{H.M}^{Sur}$，废钢消耗热量为 Q_{Scrap}^{Def}。

能量收入包括以下部分：

（1）铁水物理热。本节设定室温 $t_0 = 25℃$ 为基准来计算物理热，根据实际冶炼情况取分罐站分罐后铁水温度为 t_1，铁水物理热包括显热、熔化潜热。其公式表示为：

$$Q_{H.M}^{In} = c_{Is}(t_{If} - t_0) + Q_{H.M}^{Lat} + c_{Il}(t_1 - t_{If}) \tag{3-16}$$

式中，$Q_{H.M}^{In}$ 为铁水物理热，kJ/kg；c_{Is} 为生铁固态比热容，kJ/(kg·K)；t_{If} 为铁水熔点，℃；$Q_{H.M}^{Lat}$ 为熔化潜热，kJ/kg；c_{Il} 为生铁液态比热容，kJ/(kg·K)；t_1 为分罐后铁水温度，℃。

（2）化学反应热。化学反应热 Q_R 为加入电弧炉内的铁水、废钢元素氧化放热，单位为 kJ/kg。

能量支出包括以下部分：

（1）钢水物理热。电弧炉能量支出主要是钢水物理热，本节依据实际出钢温度要求，设定电弧炉出钢温度 $t_2 = 1620℃$，加入炉内废钢基础温度 $t_3 = 25℃$，钢水物理热包括显热、熔化潜热。其公式表示为：

$$Q_{Steel}^{Out} = c_{Ss}(t_{Sf} - t_3) + Q_{Steel}^{Lat} + c_{Sl}(t_2 - t_{Sf}) \tag{3-17}$$

式中，Q_{Steel}^{Out} 为钢水物理热，kJ/kg；c_{Ss} 为钢固态比热容，kJ/(kg·K)；t_{Sf} 为钢水熔点，℃；Q_{Steel}^{Lat} 为钢水熔化潜热，kJ/kg；c_{Sl} 为钢液态比热容，kJ/(kg·K)。

（2）其他能量支出。在电弧炉冶炼过程中，由于产生了炉渣与炉气等物质，将部分热量带离炉内，因此热量损失还包括炉渣物理热 ε_1、矿石分解热 ε_2、烟尘物理热 ε_3、炉气物理热 ε_4、喷溅物理热 ε_5 以及工序热损失 ε_6。

3.2.3　能量匹配分析

基于电弧炉冶炼实际情况，在保证出钢温度为 1620℃ 的前提条件下，计算炉内能量平衡，由加入炉内铁水总重量产生的铁水富余热量与加入炉内废钢总重量产生的废钢消耗热量相等来计算铁水、废钢重量比。由上述分析可知，单位铁水富余热量 $Q_{H.M}^{Sur}$ 以及单位废钢消耗热量 Q_{Scrap}^{Def} 可由公式表示为：

$$Q_{H.M}^{In} + Q_R - Q_{Steel}^{Out} - \sum_{i=1}^{6} \varepsilon_i = Q_{H.M}^{Sur} \tag{3-18}$$

$$Q_R - Q_{Steel}^{Out} - \sum_{i=1}^{6} \varepsilon_i = Q_{Scrap}^{Def} \tag{3-19}$$

式中，$Q_{H.M}^{Sur}$ 为单位铁水富余热量，kJ/kg；Q_{Scrap}^{Def} 为单位废钢消耗热量，kJ/kg。

由铁水富余总热量与废钢消耗总热量平衡可得：

$$Q_{\text{H.M}}^{\text{Sur}} \times m_{\text{H.M}} = Q_{\text{Scrap}}^{\text{Def}} \times m_{\text{Scrap}} \tag{3-20}$$

式中，$m_{\text{H.M}}$ 为加入炉内铁水的质量，kg；m_{Scrap} 为加入炉内废钢的质量，kg。

根据计划出钢量、实际铁水重量、铁水成分、分罐后铁水温度以及废钢种类及重量，由物料平衡及能量平衡原理计算出电弧炉炉前所需的铁水以及废钢。根据式（3-11），得出铁水、废钢的优化配料，根据实际加入的铁水、废钢情况，计算电弧炉内实际富余能量，得出理论出钢温度。

$$k_1 \times m_{\text{H.M}} + \sum_{i=2}^{n} k_i \times m_i = m_{\text{Steel}} \tag{3-21}$$

式中，k_1 为根据实际铁水成分转换成钢液的收得率；k_i 为不同废钢转换成钢液的金属收得率；m_i 为不同废钢的重量；m_{Steel} 为计划出钢重量。

电弧炉冶炼前期，需要铁水包配送来自高炉的铁水。铁水包分罐前，在运输过程中其外壁会因为与外部环境的较大温差而散发大量的热量[10]，从而导致内部铁水温度下降，对后续钢铁料配料优化模型造成出钢温度不精确的影响。本节将采用数值模拟的方法分析运输过程铁水包热量损失 Q_{Loss} 与温降。

3.2.4 铁水包热量损失研究

铁水包在运输过程中，热量散失包括两个途径，即铁水包周边气流速度较小时，周围空气因温度差产生的密度差而向上运动，形成自然对流换热，带走铁水包表面的热量；同时也会存在铁水包与周围建筑围护结构之间因高温辐射传热而带走的热量，其壁面的换热过程应当满足下式：

$$-\lambda_s \frac{\partial T}{\partial x} = h_s (T_s - T_f) + \varepsilon \sigma (T_s^4 - T_w^4) \tag{3-22}$$

式中，λ_s 为铁水包外壁材料的导热系数，$\text{W}/(\text{m} \cdot \text{K})$；$\lambda_s \dfrac{\partial T}{\partial x}$ 为沿铁水包壁厚方向单位壁厚的温度梯度，K；h_s 为铁水包外壁面的平均表面对流换热系数，$\text{W}/(\text{m}^2 \cdot \text{K})$；$T_s$、$T_f$ 和 T_w 分别为铁水包外壁面的平均表面温度、铁水包外壁面周围主流空气温度和铁水包周围物体的平均表面温度，K；ε 为铁水包外壁的发射率，又称黑度，其值总小于 1，与物体的种类和表面状态有关，而与周围环境无关；σ 为斯蒂芬-玻耳兹曼常数，其值为 $5.67 \times 10^{-8} \text{W}/(\text{m}^2 \cdot \text{K}^4)$。式（3-22）中，左边第一项表示铁水包内部高温铁水通过壁面进行热传导而传递的热量，即导热项；右边第一项表示铁水包外壁面与周围空气之间进行对流换热而传递的热量，即对流项；右边第二项表示铁水包外壁面与周围建筑围护结构之间进行辐射传热而传递的热量，即辐射项。铁水包在配送铁水过程中损失的热量主要包括对流项和辐射项。

铁水包壁面材料为多层耐火耐高温材料，内部铁水热量通过炉衬材料的导热过程，进而在外壁面处散失。外壁面温度越高，炉衬材料导热性越好，铁水散失的热量越多。并且，铁水包不同区域因为炉衬侵蚀和炉衬材料、厚度等因素的不同，表现出来的导热能力不同，因此铁水包不同区域温度也不一样，换热能力也不尽相同。

根据铁水包的几何尺寸、温度参数和相对组成部分，将铁水包分为铁水包侧壁、铁水包底部和铁水包上部三个组成部分，按照铁水包运输过程中的时间段，每隔 5s 分别测量这三个组成部分的表面温度，结果见表 3-1，选取各部分温度的平均值，即为 240℃、300℃和 900℃，代表各区域的温度参数。

表 3-1　铁水包各组成部分温度参数　　　　　　　　　　（℃）

组成部分	测量时间/s													平均值
	0	5	10	15	20	25	30	35	40	45	50	55	60	
铁水包侧壁	238	232	245	252	233	227	240	239	238	249	228	253	240	240
铁水包底部	284	291	297	295	280	328	324	301	315	283	295	288	318	300
铁水包上部	900	920	930	912	905	887	876	895	893	880	905	916	879	900

数值模拟计算中，每一个计算步骤完成后都会有对应的铁水包周围气流组织形态，取铁水包中心对称面作为监测内部温度场的平面，模拟计算得到 30s 和 60s 的结果云图如图 3-6 所示。由图即知，铁水包在配送过程中，其上部温度较高，周围气流温度也较高，带走较多的热量。

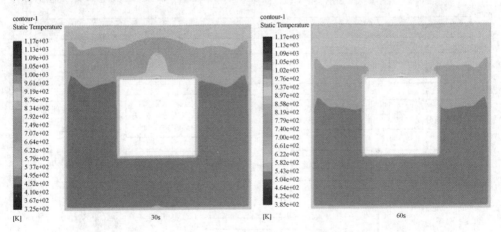

图 3-6　铁水包配送铁水过程中的散热温度场

当维持铁水包外壁面定壁温时，单位时间内铁水包向外通过辐射对流综合换热的方式损失的热量为 476.9kW，即维持铁水包内铁水温度不发生改变，单位时间需要额外投入的能量是 476.9kW。然而铁水包实际配送铁水过程中，并无额外能量输入，因此其内部铁水的温度会降低。

实际情况下铁水的温降可用下式进行计算：

$$Q_{\text{Loss}} = c_n \times m_{\text{H.M}} \times \Delta t \tag{3-23}$$

式中，Q_{Loss} 为铁水包运输铁水过程中损失的热量，依据数值模拟结果取值为 476.9kW/s；$m_{H.M}$ 为铁水包所盛装铁水的质量，按照实际铁水盛装量取值为 42000kg；Δt 为铁水包运输过程中内部铁水的温降，℃。因此可以计算得到铁水在配送过程中的温降为 0.0136℃/s。而铁水包配送铁水过程耗时 25min，经计算得到铁水在整个配送过程中的温降为 20.4℃。

3.3 模型开发

通过以上研究，对影响终点出钢温度变化的因素，包括铁水重量、铁水成分、废钢重量、废钢成分、过程温降、计划出钢量等进行分析和计算，并结合铁水包热量损失研究。建立了基于全铁水冶炼的 45t 电弧炉炼钢钢铁料优化模型[11]，模型理论结构图如图 3-7 所示，模型构建流程如下：

（1）建立现场 PLC 与本地服务器之间的通讯方式。

（2）通过 SQL 数据库将各工位现场冶炼数据传入本地服务器中。

（3）基于物料平衡与能量平衡原理，运用 Visual Studio 2013 开发软件进行模型开发与分析计算。

（4）开发图形用户界面（GUI）并显示在分罐站、配料站及电弧炉工位。

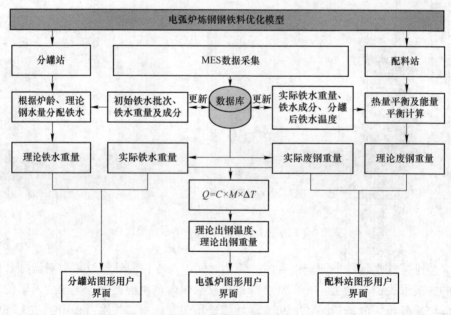

图 3-7 模型理论结构图

电弧炉炼钢钢铁料优化模型主要包括分罐站界面、配料室界面、电弧炉界面与基础设置界面，模型系统界面结构如图 3-8 所示。

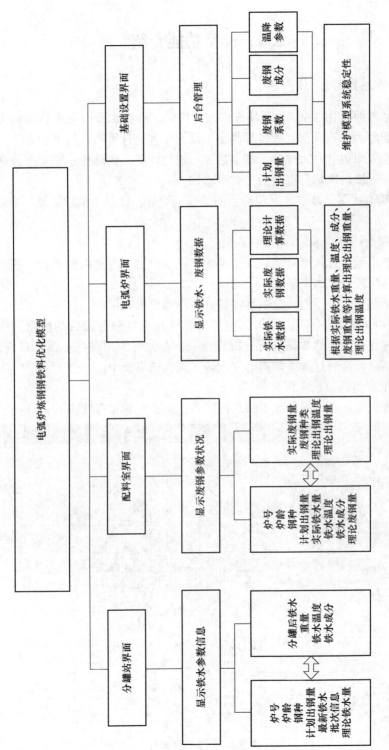

图3-8 模型系统界面结构图

3.4 模型功能介绍

3.4.1 分罐站界面

分罐站界面（图 3-9）为现场操作人员提供了解铁水分罐操作状况的可视化界面，全面展示分罐操作过程各种静态、动态、理论计算结果数据。

分罐站界面包含六大部分：基本数据、理论计算、实际铁水信息、最新铁水批次信息、分罐炉次信息以及历史数据查询。

（1）基本数据。基本数据包括当前炉号、炉龄、计划出钢量以及 1 号炉钢种四大信息。

（2）理论计算。理论计算包括：

理论铁水重量：铁水分罐站根据电炉炉役、炉龄、理论出钢重量、铁水成分等信息计算出理论铁水重量。

理论出钢重量：根据理论铁水重量计算出理论出钢重量。

（3）实际铁水信息。实际信息包括实际铁水重量和分罐后的铁水温度。当分罐站通过理论计算的数据进行分罐操作后，在公司内网系统中录入对应炉号，实际铁水信息即会通过数据采集的方式传入到当前界面中。

（4）批次信息。批次信息包括：

铁水批次号：显示最新 5 组铁水批次号，点击右侧保存按钮。

图 3-9 分罐站界面

温度：显示最新铁水罐测温数据，选择下拉框进行修改。

成分：显示最新批次铁水成分。

特殊冶炼情况：当需要冶炼特殊钢种，选择下拉框进行修改。

（5）炉次信息。炉次信息包括分罐铁水批次信息及重量信息。

（6）历史数据查询。历史数据主要有炉号、铁水批次、重量、成分等信息。

3.4.2 配料室界面

配料室界面（图3-10）为现场操作人员提供了解废钢配料操作状况的可视化界面，全面展示废钢配料操作过程各种静态、动态、理论计算结果数据。

配料室界面包括七大部分：基本数据、理论计算、实际信息，当前电弧炉基本数据、理论计算、实际信息以及历史数据查询。具体包括：

（1）基本数据。基本数据包括当前炉号、炉龄、计划出钢量以及1号炉钢种四大信息。

（2）理论计算。理论废钢重量：通过分罐站界面的实际铁水重量、分罐后铁水温度以及铁水成分计算出理论废钢重量，以理论统废作为标准，点击其他按钮加入不同种类废钢。

（3）实际铁水信息。实际信息包括实际铁水重量和分罐后的铁水温度。当分罐站通过理论计算的数据进行分罐操作后，在公司内网系统中录入对应炉号，实际铁水信息即会通过数据采集的方式传入到当前界面中。

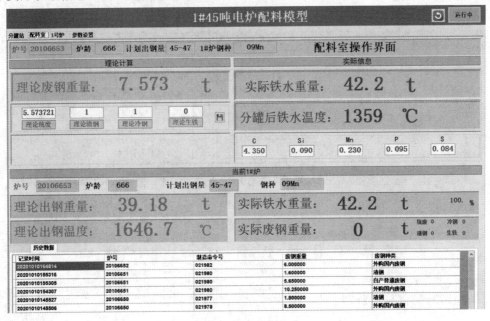

图3-10 配料室界面

（4）当前电弧炉基本数据。基本数据包括当前炉号、炉龄、计划出钢量以及1号炉钢种四大信息。

（5）当前电弧炉理论计算。电弧炉根据实际的铁水重量和实际的废钢重量和废钢种类，通过热平衡理论公式计算出理论出钢温度以及理论出钢重量。

（6）当前电弧炉实际信息。电弧炉实际信息包括实际铁水重量以及实际废钢重量。

（7）历史数据查询。历史数据主要有记录时间、炉号、制造命令号、废钢重量及废钢种类。

3.4.3　电弧炉界面

电弧炉界面（图3-11）为现场操作人员提供了解整个钢铁料配料状况的可视化界面，全面展示相关各种静态、动态数据，为电弧炉炼钢操作提供依据。

电弧炉界面包含六大部分：基本数据、理论计算、实际信息、基本信息、铁水信息与历史数据查询。具体包括：

（1）基本数据。基本数据包括当前炉号、炉龄、计划出钢量以及1号炉钢种四大信息。

（2）理论计算。电弧炉根据实际的铁水重量和实际的废钢重量和废钢种类，通过热平衡理论公式计算出理论出钢温度以及理论出钢重量。

（3）实际信息。实际信息包括实际铁水重量与实际废钢重量。

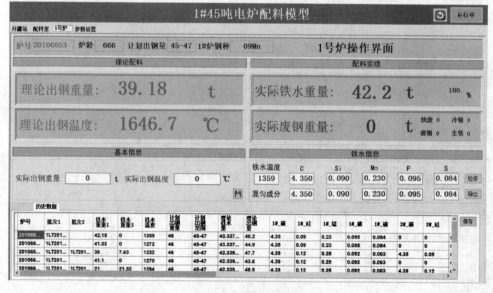

图3-11　电弧炉界面

（4）基本信息。在电弧炉冶炼结束后，在基本信息中，方便现场操作人员手动录入出钢重量、出钢温度，点击保存按钮即可。

（5）铁水信息。铁水信息包括分罐后铁水温度、铁水成分、不同批次混匀后铁水成分等。

检修与导出：点击界面检修按钮，界面弹出暂停中，告知电弧炉前当前处于检修阶段，不进行冶炼。点击界面导出按钮，即可导出历史冶炼数据。

（6）历史数据查询。历史数据包括炉号、批次、分罐后铁水温度、铁水成分、理论出钢温度、理论出钢重量、计划出钢范围、理论铁水量、理论废钢量等。

3.4.4 参数设置界面

参数设置界面（图3-12）是电弧炉炼钢钢铁料优化模型计算过程中使用的相关参数的设置界面，根据工艺状况调整参数，优化模型计算结果。

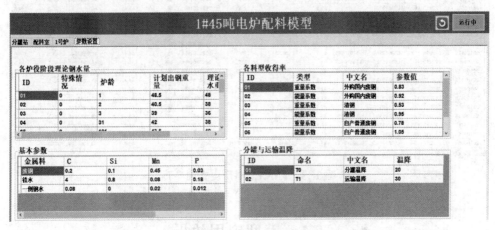

图 3-12 参数设置界面

参数设置界面包括各炉役阶段理论钢水量、各料型收得率、金属料基本参数以及分罐与运输温降四个部分。各炉役阶段理论钢水量是模型计算的初始条件，根据炉役选择不同的计划出钢量。料型收得率是指综合考虑计算过程中不同废钢种类的影响，所引入的物料系数和能量系数，为模型系统提供一个运行更加准确的环境。金属料基本参数是指对废钢的成分设定的一个平均值，便于对物料平衡进行有效的分析，实现最优目标的实施过程。分罐运输温降是指考虑铁水运输过程中温度降低对理论出钢温度的影响，有助于提高模型运行的准确度。

3.4.5 钢铁料配料数据查询界面

钢铁料配料数据查询界面（图3-13）为技术人员提供查询钢铁料配料操作

历史数据的可视化界面。配料历史数据查询可根据时间查询和炉次查询两种功能，选择起始日期或者要查询的炉次，查看对应炉次对应各个工序（分罐站、配料室、电弧炉）的铁水、废钢、出钢温度等变化情况，也可导出生成 Excel 数据报表，方便浏览查看。维护人员可以在炉次数据和铁水批次数据中实现修改、维护和保存。

钢铁料配料数据查询界面主要包括：配料历史数据查询、炉次数据、铁水批次数据。

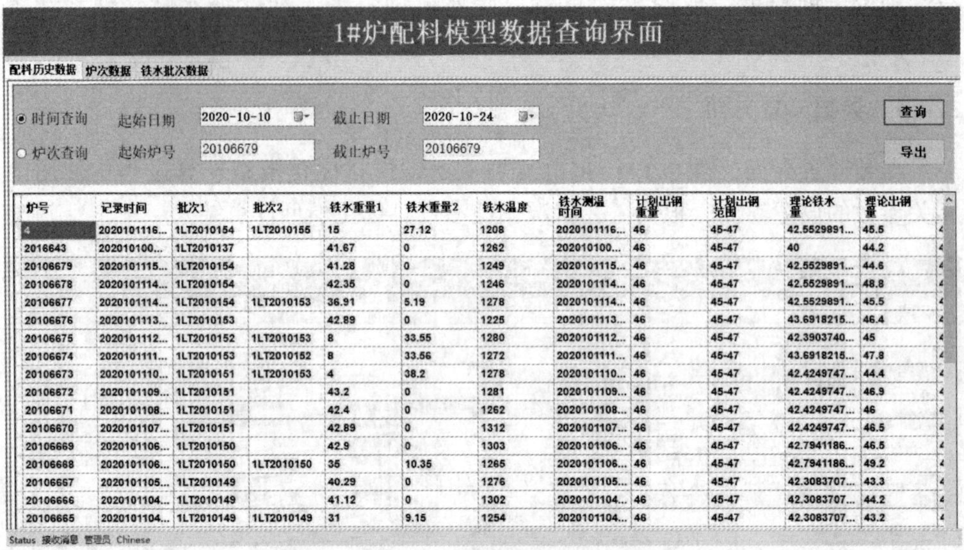

炉号	记录时间	批次1	批次2	铁水重量1	铁水重量2	铁水温度	铁水测温时间	计划出钢重量	计划出钢范围	理论铁水量	理论出钢量
4	2020101116...	1LT2010154	1LT2010155	15	27.12	1208	2020101116...	46	45-47	42.5529891...	45.5
2016643	202010100...	1LT2010137		41.67	0	1262	202010100...	46	45-47	40	44.2
20106679	2020101115...	1LT2010154		41.28	0	1249	2020101115...	46	45-47	42.5529891...	44.6
20106678	2020101114...	1LT2010154		42.35	0	1246	2020101114...	46	45-47	42.5529891...	48.8
20106677	2020101114...	1LT2010154	1LT2010153	36.91	5.19	1278	2020101114...	46	45-47	42.5529891...	45.5
20106676	2020101113...	1LT2010153		42.89	0	1225	2020101113...	46	45-47	43.6918215...	46.4
20106675	2020101112...	1LT2010152	1LT2010153	8	33.55	1280	2020101112...	46	45-47	42.3903740...	45
20106674	2020101111...	1LT2010153	1LT2010152	8	33.56	1272	2020101111...	46	45-47	43.6918215...	47.8
20106673	2020101110...	1LT2010151	1LT2010153	4	38.2	1278	2020101110...	46	45-47	42.4249747...	44.4
20106672	2020101109...	1LT2010151		43.2	0	1281	2020101109...	46	45-47	42.4249747...	46.9
20106671	2020101108...	1LT2010151		42.4	0	1262	2020101108...	46	45-47	42.4249747...	46
20106670	2020101107...	1LT2010151		42.89	0	1312	2020101107...	46	45-47	42.4249747...	46.5
20106669	2020101106...	1LT2010150		42.9	0	1303	2020101106...	46	45-47	42.7941186...	46.5
20106668	2020101106...	1LT2010150	1LT2010150	35	10.35	1265	2020101106...	46	45-47	42.7941186...	49.2
20106667	2020101105...	1LT2010149		40.29	0	1276	2020101105...	46	45-47	42.3083707...	43.3
20106666	2020101104...	1LT2010149		41.12	0	1302	2020101104...	46	45-47	42.3083707...	44.2
20106665	2020101104...	1LT2010149	1LT2010149	31	9.15	1254	2020101104...	46	45-47	42.3083707...	43.2

图 3-13 1 号炉配料历史查询界面

3.5 模型应用效果

利用电弧炉炼钢钢铁料优化模型对电弧炉铁水分罐、废钢配料、终点出钢温度进行实时预报，选取模型在某钢铁厂 2020 年运行期间 350 炉次进行铁水分罐、废钢配料优化效果统计。结合现场冶炼情况，确定铁水实际重量与铁水理论重量差值±1t 为分罐站按模型优化操作的合理分配铁水区间；确定废钢实际重量与废钢理论重量差值±1t 为配料站按模型优化操作的合理分配废钢区间；选取 250 炉次进行理论出钢温度预估效果统计。结合现场冶炼实际出钢温度，确定（1620±30）℃为合理出钢温度区间。

分罐站铁水分罐与实际出钢温度的关系如图 3-14 所示，其中，横坐标代表实际铁水重量与理论铁水重量的差值，纵坐标代表实际出钢温度。配料站废钢分配与实际出钢温度的关系如图 3-15 所示，其中，横坐标代表实际废钢重量与理论废钢重量的差值，纵坐标代表实际出钢温度。两图中蓝色虚线代表废钢重量差值为±1t的合理分配区间；黄色虚线内代表实际出钢温度为（1620±20）℃的炉次；红色虚线内代表实际出钢温度为（1620±30）℃的炉次。实际出钢温度与模型预测温度的关系如图3-16所示，其中，横坐标代表实际出钢温度，纵坐标代表预测出钢温度。

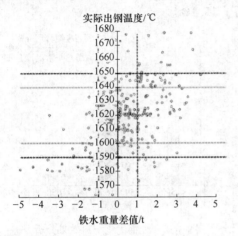

图 3-14 铁水分罐与实际出钢温度关系

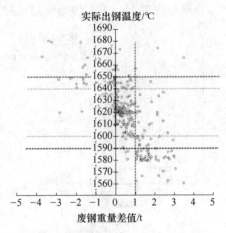

图 3-15 废钢配料与实际出钢温度关系

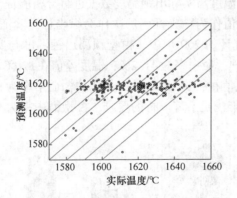

图 3-16 模型预测温度与实际出钢温度对比

对分罐站铁水分罐与实际出钢温度的数据进行分析验证，铁水优化配料效果分析如图3-17所示。当分罐站按模型优化分配铁水时，实际出钢温度在（1620±30）℃的炉数为162炉，占总炉数（180炉）的90.1%；当分罐站未按模型优化分配铁水时，实际出钢温度在（1620±30）℃的炉数为124炉，占总炉数（170炉）的73.2%；总炉数实际出钢温度在（1620±30）℃的炉数为290炉，占总炉数（350炉）的82.9%。按模型优化分配铁水时，合理出钢温度提高了7.2%。

对废钢配料与实际出钢温度的数据进行分析验证，温度分布如图 3-18 所示。当配料站按模型优化分配废钢时，实际出钢温度在（1620±30）℃的炉数为 215 炉，占总炉数（234 炉）的 92.3%；当配料站未按模型优化分配废钢时，实际出钢温度在（1620±30）℃的炉数为 46 炉，占总炉数（116 炉）的 40%；总炉数实际出钢温度在（1620±30）℃的炉数为 262 炉，占总炉数（350 炉）的 75.1%。按模型合理分配废钢时，合理出钢温度提高了 15.1%。

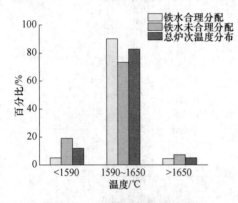
图 3-17 铁水优化配料效果分析

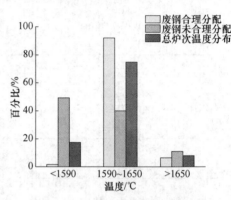
图 3-18 废钢优化配料效果分析

对模型预测出钢温度与实际出钢温度数据进行分析验证，将模型预测出钢温度与实际出钢温度差值作为横坐标，炉次作为纵坐标，验证模型温度预测比例，如图 3-19 所示。在统计的 250 炉中，模型预测出钢温度与实际出钢温度差值在 ±10℃的炉数为 103 炉，命中率为 41.2%；温度差值在 ±20℃的炉数为 185 炉，命中率为 74%；温度差值在 ±30℃的炉数为 227 炉，命中率为 90.8%；根据冶炼情况，1590~1650℃均能满足冶炼顺行的要求，模型命中率为 90.8%，模型起到预测出钢温度的作用。

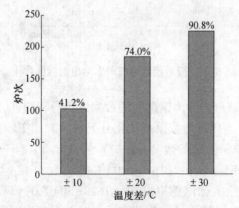
图 3-19 模型预测出钢温度效果分析

为了进一步提高模型的精确度，可以从以下方面进行研究：充分考虑现场实际生产条件，利用数值模拟进一步精确入炉铁水温度；加强废钢分类与管理，降低废钢中的组分波动的影响；利用算法模型对终点出钢温度进行大数据训练，使模型预报更加精确与智能。

参 考 文 献

［1］ 薛雷．我国电弧炉炼钢技术发展现状及展望［J］．天津冶金，2015（5）：9-14.

［2］ 姜周华，姚聪林，朱红春，潘涛．电弧炉炼钢技术的发展趋势［J］．钢铁，2020，55（7）：1-12.

［3］ 李思锐，江秀龙，马德武，蒲灵．我国电弧炉炼钢发展现状及前景［J］．四川冶金，2018，40（2）：19-21，42.

［4］ 杨凌志，朱荣．电弧炉炼钢成分控制模型研究现状与展望［J］．工业加热，2016，45（1）：26-29，41.

［5］ Sohn Ho Sang. Recycling of ferrous scraps［J］. Journal of the Korean Institute of Resources Recycling, 2020, 29（1）.

［6］ 宋景凌，钟春生，宁建成．衡钢电弧炉炼钢流程能量的多尺度研究［J］．中国冶金，2013，23（12）：16-20.

［7］ 刘军．电弧炉钢水终点温度预报研究［D］．沈阳：东北大学，2013.

［8］ 杨凌志．EAF-LF 炼钢工序终点成分控制研究［D］．北京：北京科技大学，2015.

［9］ Yang Lingzhi, Zhu Rong, Dong Kai, Liu Wenjuan, Ma Guohong. Study of optimizing combined-blowing in EAF based on K-medoids clustering algorithm［J］. Advanced Materials Research, 2014, 881-883：1540-1544.

［10］ 王君，唐恩，范小刚，邵远敬，王小伟，李菊艳．铁水运输过程热损失模拟计算浅析［J］．中国冶金，2015，25（4）：12-17.

［11］ 李勃，杨凌志，谢孝容，宋景凌，郭宇峰，胡航．基于全铁水冶炼的 45t 电弧炉炼钢钢铁料优化模型研究［J］．工业加热，2021，50（11）：9-16.

4 电弧炉炼钢供氧指导模型

4.1 背景与工艺介绍

电弧炉采取"铁水+废钢"混合冶炼的方式进行冶炼生产，由于钢铁冶炼各成分要求的必要性，在冶炼过程中喷吹氧气显得尤为重要，合理地用氧可以加速废钢熔化、提高熔池温度、均匀熔池成分、改善炉内热量，对促进钢渣反应、调节钢水成分和温度、提高氧气利用率、提高金属收得率等有十分明显的效果[1,2]。现如今，现场实际氧气喷吹系统仅凭借现场操作理论经验，未充分考虑钢包内熔清成分变化、物料平衡与热平衡、选择性氧化反应机理、氧气利用率等因素影响，造成部分炉次各元素成分不理想、氧气喷吹不合理。

目前，钢厂氧气喷吹流程操作并未充分考虑铁水废钢熔清成分，无法准确量化喷吹入炉内的氧气总量，在一定程度上，将直接影响冶炼终点取样。因此，需要从物料平衡与热平衡的角度分析供氧流程。炼钢过程主要是供氧操作的氧化过程，熔池内的 C、Si、P 等元素与氧气发生氧化反应从钢液中脱除。基于选择性氧化反应机理，以电弧炉炼钢过程主要元素氧化反应行为的原理为基础，结合熔池搅拌的动力学条件，对电弧炉中各个熔池区域，使用周期运算的方法对熔池中主要成分的反应与传质关系进行定量分析及循环计算，以实现对电弧炉炼钢过程成分的实时预测，为电弧炉炼钢过程终点成分控制提供条件。

某炼钢厂现有一台 90t 超高功率电弧炉，电弧炉配有炉壁枪、炉门枪与炭粉枪，采取顶装方式加入铁水，铁水比为 50%~55%，工艺操作如图 4-1 所示。

本章节针对炼钢厂的实际工艺情况，从模型构建理论、模型开发、功能介绍以及应用效果等方面介绍电弧炉炼钢过程供氧指导模型案例。

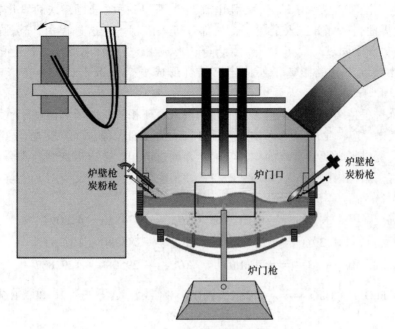

图 4-1 电弧炉供氧操作示意图

4.2 模型构建理论

4.2.1 物料平衡与热平衡

在电弧炉炼钢冶炼过程中，各元素或各物质之间遵从物质守恒。冶炼初始至冶炼结束的过程中不断地发生氧化反应，在整个炼钢过程中吹入氧气和消耗氧气以及未被利用氧气之间存在着物料平衡，计算冶炼过程中参与炼钢反应的全部物料，如铁水、废钢、气体、矿石、石灰、溅渣层、钢液、炉渣、炉气、烟尘等的质量，得到物料平衡关系，通过计算获得物料平衡数据。

在电弧炉炼钢冶炼过程中，同时遵从能量守恒。根据物料平衡分析计算炼钢过程中的热量收入（铁水的物理热、化学热、烟尘氧化热）与热量支出（钢、渣、气的物理热、冷却剂吸热及热量损失），计算所得能量平衡数据。

4.2.2 热力学理论基础

电弧炉炼钢控制终点成分的本质任务是控制脱 C、脱 P，获得成分合格的钢水，在炼钢过程中发生的碳氧反应和脱磷反应是同时进行的。在氧气射流的作用下，从氧枪喷吹的氧溶解在金-渣-气界面，同铁水中活度较大的元素优先发生氧化反应，同时，铁水中的 Fe 被氧化成 FeO，反应持续进行，铁的氧化物迁移到金-渣界面，一部分进入金属相，一部分进入渣相。在这过程中，熔池中的 P 在金-渣界面上同氧阴离子 O^{2-} 逐步结合，形成 PO_4^{3-} 复合阴离子，产生的 PO_4^{3-} 被炉渣中碱性组分的阳离子所固定，结合形成复合物进入炉渣，在渣中稳定存在。

冶炼过程持续进行，熔池温度升高，进入金属相的氧原子和溶解于铁水中的 C 发生氧化反应，生成的气态 CO，气泡向金-渣界面迁移并逐渐长大，为脱 C 的快速进行提供了必要的交换面积，气泡上浮通过渣相，造成钢液剧烈沸腾，最后进入炉气。熔池内的 C、Si、Mn、P、Fe 等元素与氧气发生反应时，化学反应式如式 (4-1)~式 (4-5) 所示。

$$[C] + [O] \Longrightarrow [CO] \qquad \Delta G_C^{\ominus} = -374880 - 42.09T \qquad (4\text{-}1)$$

$$[Si] + 2[O] \Longrightarrow [SiO_2] \qquad \Delta G_{Si}^{\ominus} = -285290 - 107.91T \qquad (4\text{-}2)$$

$$[Mn] + [O] \Longrightarrow [MnO] \qquad \Delta G_{Mn}^{\ominus} = -295080 + 129.83T \qquad (4\text{-}3)$$

$$\frac{2}{5}[P] + FeO + \frac{4}{5}CaO \Longrightarrow \frac{1}{5}(CaO \cdot P_2O_5) + [Fe] \qquad \Delta G_C^{\ominus} = -161890 + 66.006T$$

$$\qquad (4\text{-}4)$$

$$Fe + [O] \Longrightarrow [FeO] \qquad \Delta G_C^{\ominus} = -229700 + 41.124T \qquad (4\text{-}5)$$

当多种元素与氧气发生反应时，就出现了选择性氧化反应，为了能够对电弧炉炼钢过程成分进行合理预估，需要对熔池内部化学反应顺序进行研究，探明炼钢熔池中元素氧化的热力学原理[3]。炼钢中常用反应的吉布斯自由能来判断冶金反应的方向，即反应吉布斯自由能改变量 ΔG，是反应进行方向和难易程度的重要判据，ΔG 的关系如式 (4-6) 所示：

$$\Delta G = \Delta G^{\ominus} + RT\ln J \qquad (4\text{-}6)$$

在一定的温度和压力条件下，标准态吉布斯自由能 $\Delta G^{\ominus}$ 为常数，温度 T 作为自变量，影响 $\Delta G^{\ominus}$ 的变化。R 为热力学常数，J 为反应的活度熵。对于一般反应 $a\text{A}+b\text{B} \Longrightarrow c\text{C}+d\text{D}$，根据式 (4-7)~式 (4-9) 计算：

$$J = \frac{a_C^c \cdot a_D^d}{a_A^a \cdot a_B^b} \qquad (4\text{-}7)$$

式中，a 为物质的浓度。为了计算钢液成分的真实浓度，需引进活度系数 f 来进行修正：

$$a_i = x_i f_i \qquad (4\text{-}8)$$

$$\lg f_i = e_i^i w_i + e_i^j w_j \qquad (4\text{-}9)$$

式中，x_i 为物质 i 的摩尔分数；f_i 为物质 i 的活度系数，通过物质之间的相互作用系数 e_i^j 进行计算；w_i 为物质的质量分数。

计算生成的炉渣氧化物的活度通过式 (4-10) 和式 (4-11) 计算，则采用聚集电子相的炉渣组分活度模型[3]，采用周期表中化学元素作为氧化物或金属相中的组分，用原子分数表示其浓度，并用正规离子溶液的 $a_{BO} = \gamma_B x_B$ 模式来计算组分的活度，即：

$$\gamma_B = \left\{ \sum x_j \exp[- \varepsilon_{Bj}/(RT)] \right\}^{-1} \tag{4-10}$$

式中，γ_B 为原子的活度系数；x_j 为元素 j 的摩尔分数；ε_{Bj} 为体系中相邻原子对 Bj 形成组态熵时的位置交换能，有：

$$\varepsilon_{Bj} = \frac{1}{2}(\chi_B^{1/2} - \chi_j^{1/2})^2 \tag{4-11}$$

式中，χ_B 为原子能量的标量，可从热力学数据手册进行查找。

根据上述公式，即可计算熔池中元素发生反应时的化学判据 ΔG，对 ΔG 的大小进行比较，数值最小的氧化反应最先进行，相应的元素优先被氧化[4]。

得到元素氧化顺序优先级，根据熔池成分与氧气的消耗关系，计算熔池成分数据和炉渣成分数据在选择性氧化状态下的变化量。周期内元素变化量与供氧量有如下对应关系，如式（4-12）所示：

$$\Delta n^i = \eta^i n_{O_2} \tag{4-12}$$

式中，Δn^i 为当前状态下最优先氧化元素的变化量；η^i 分别为与氧气发生反应时的化学计量数；n_{O_2} 为供氧量；i 分别为 C、Si、Mn、P、Fe 等元素。

熔池中元素发生氧化反应生成的氧化产物流向金-渣界面，炉渣浓度的变化影响后续元素的脱除，因此，有必要根据式（4-13）计算炉渣成分：

$$n^{iO} = \Delta \eta^{iO} + n_{last}^{iO} \tag{4-13}$$

式中，n^{iO} 为当前状态下炉渣中 iO 氧化物的含量；n_{last}^{iO} 为上一周期炉渣中 iO 氧化物含量；Δn^{iO} 为炉渣中氧化物 iO 增加量；iO 为 MnO、SiO$_2$、FeO 等氧化物。

按照上述建立的成分变化关系，计算出周期内钢液和渣中主要成分的摩尔分数，更新反应活度熵和熔池温度，进行循环计算。

4.2.3 电弧炉炼钢成分初始条件研究

电弧炉冶炼过程遵循物料和能量守恒，过程中元素成分的改变符合电弧炉炼钢的成分变化基本规律。炼钢的物料平衡和热平衡计算一般采用入炉的平均成分和平均温度，即计算废钢和铁水的熔清成分、熔清温度，作为初始条件。目前尚难以做到精确取值和计算，尽管如此，它对炼钢物料和能量的利用仍具有重要的指导意义。根据电弧炉炼钢过程各元素或各物质之间遵从的物质守恒与能量守恒定律，计算模型运算初始成分、温度条件。

4.2.3.1 熔清成分的计算

结合我国废钢资源现状，难以采用纯废钢来冶炼高质量、低成本的特殊钢产品。从资源特点的角度，我国部分地区的电弧炉炼钢厂适合采用提高热装铁水比的工艺实现电弧炉炼钢的高效生产。因此，电弧炉炼钢厂常用的钢铁金属料主要有铁水、废钢、生铁、直接还原铁、碳化铁等，原料结构复杂，成分差异大，为实现成分预报稳定进行，需要将原料进行熔清成分计算，假定加入的废钢和铁水以及其他钢铁料，加入炉内即初始成分混合均匀。熔清成分的计算需要考虑铁水、各种废钢的成分，计算公式如式（4-14）所示：

$$w_{1ni}[i] = \frac{\sum\limits_{n=1}^{m}(M_n \times w_{1ni}[i]_n)}{\sum\limits_{n=1}^{m}M_n} \tag{4-14}$$

式中，$w_{1ni}[i]$ 为 i 元素的熔清成分，%；i 为 C、Si、Mn、P 等元素；M_n 为金属料 n 的质量（n 为废钢、铁水等金属原料）；$w_{1ni}[i]_n$ 为金属料 n 对应 i 元素的含量。

　　在实际生产过程中，废钢来源渠道广、产品种类多，主要有钢厂内部返回废钢和外购废钢，返回废钢主要来自生产过程中产生的废钢管切头、渣钢、冷钢等。外购废钢包括工业回收性废钢铁料、生活钢铁制品报废件等，外购废钢质量参差不齐，往往夹带大量泥沙等，影响钢铁产品的质量。按照上述公式计算的熔清成分与实际成分之间会存在偏差，无法作为完全的定量关系，需要结合现场废钢的质量情况，引入废钢的重量系数加以修正，如式（4-15）所示：

$$M_{scrap} = \sum\limits_{p=1}^{q}(M_p m_p) \tag{4-15}$$

式中，M_{scrap} 为加入废钢的总质量；M_p 为第 p 种废钢的质量；m_p 为第 p 种废钢的重量系数。

4.2.3.2　熔清温度的计算

　　通过反应的吉布斯自由能大小来判断元素的优先顺序，需要计算熔池的初始温度，而电弧炉炼钢主要的能量来源比较复杂，有铁水的物理热和输入的电能以及元素氧化过程中放出的热量[5]。电弧炉冶炼初期由铁水的物理热提供，铁水提供的物理热直接影响冶炼初期熔池的升温和元素的氧化进程，同时也会影响化渣和杂质的脱除。为简化模型计算，采用计算入炉炉料的平均温度作为熔池的熔清温度，熔清温度计算需要考虑铁水的物理放热和废钢吸收的热量，根据式（4-16）计算：

$$T_{1ni} = \frac{\sum\limits_{n=1}^{m}Q_n}{\sum\limits_{n=1}^{m}(M_n c_n)} \tag{4-16}$$

式中，T_{1ni} 为熔清温度，℃；M_n 为金属料 n 的质量；n 为废钢、铁水等金属料；c_n 为金属料 n 的比热容；Q_n 为金属料 n 的入炉物理热。

　　同理，需要考虑废钢质量、形态对熔清温度的影响，结合现场废钢的质量、形态情况，在计算过程中，需要加入废钢的熔化潜热带走的能量以及废钢中杂质的影响，引入能量修正系数 E_p，计算数学关系如式（4-17）所示：

$$Q_{scrap} = \sum_{p=1}^{q} (M_p c_p T_p E_p) + q_p \tag{4-17}$$

式中，Q_{scrap} 为加入废钢的总能量；M_p 为废钢 p 的质量；c_p 为废钢 p 的比热容；T_p 为废钢 p 的入炉温度；E_p 为废钢 p 的能量系数；q_p 为废钢 p 的熔化潜热。

4.2.4 钢液成分变化数学关系

在冶炼的不同时期，熔池中元素发生的反应有所区别。冶炼前期，熔池中持续增加的供氧量能提高脱 C 速率，降低熔池中碳的含量，同时，铁水中的 Fe 发生氧化反应，在未达到脱 C 温度时，熔池中积累过量的氧化铁，有利于提高炉渣脱 P 能力。而在冶炼后期，熔池温度、炉渣、浓度发生变化，炉内持续喷吹的氧气量不能作为成分变化关系的描述。熔池中含 C 量低于临界含 C 量时，脱 C 反应速率与供氧强度无关，脱 C 速率与含 C 量成正比，受铁水中的碳传质所影响。通常会在冶炼后期进行喷吹炭粉操作，使炉渣中的氧化铁被还原，减少铁损。P在冶炼末期，则表现特别敏感，受钢液温度、炉渣碱度、FeO 影响较大，通常会发生钢液回 P。针对熔池成分变化关系，提出在模型构建过程中引入氧气利用率系数、回磷系数、FeO 还原系数对熔池成分变化关系进行调整。下面对成分变化数学关系展开描述。

4.2.4.1 元素氧化反应数学关系

基于熔池选择性氧化反应的基本规律，建立冶炼过程成分的预报模型，需要考虑熔池成分含量的变化关系，进行合理的成分预估。以选择性氧化理论为基础，前期熔池成分（C、Si、Mn、P、Fe）质量的变化量与供氧量之间的数学变化关系，满足式（4-18）~式（4-23）：

$$\Delta w_m = \beta \times f_{O_2} \times \sum_{i=1}^{n} F_{O_2}^i \times \frac{M_m}{22.4 \times 3.6} \tag{4-18}$$

$$\Delta w_C = 2 \times f_{O_2} \times \sum_{i=1}^{n} F_{O_2}^i \times \frac{12}{22.4 \times 3.6} \tag{4-19}$$

$$\Delta w_{Si} = f_{O_2} \times \sum_{i=1}^{n} F_{O_2}^i \times \frac{28}{22.4 \times 3.6} \tag{4-20}$$

$$\Delta w_{Mn} = 2 \times f_{O_2} \times \sum_{i=1}^{n} F_{O_2}^i \times \frac{55}{22.4 \times 3.6} \tag{4-21}$$

$$\Delta w_P = \frac{4}{5} \times f_{O_2} \times \sum_{i=1}^{n} F_{O_2}^i \times \frac{34}{22.4 \times 3.6} \tag{4-22}$$

$$\Delta w_{Fe} = 2 \times f_{O_2} \times \sum_{i=1}^{n} F_{O_2}^i \times \frac{56}{22.4 \times 3.6} \tag{4-23}$$

式中，Δw_C、Δw_{Si}、Δw_{Mn}、Δw_P、Δw_{Fe}分别为 C、Si、Mn、P、Fe 元素的变化量，kg/s；f_{O_2}为氧气利用率；$\sum_{i=1}^{n} F_{O_2}^i$为氧气总流量，Nm^3/h；i分别为炉壁氧枪和炉门氧枪。

4.2.4.2 剧烈反应区与流动区钢液流动

在电弧炉炼钢过程中，剧烈反应区与流动区不停地进行物质的交换，剧烈反应区各反应元素的质量也实时发生变化，因此，需要不断地确定剧烈反应区各反应元素的质量。在剧烈反应区，影响剧烈反应区钢液各组分元素的质量主要有 3 个过程：剧烈反应区向流动区流动、剧烈反应区各组分的氧化和流动区向剧烈反应区流动，如图 4-2 所示。

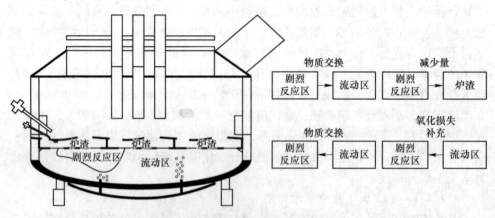

图 4-2 剧烈反应区钢液质量变换

由于流动区各成分的质量会影响后续氧化周期剧烈反应区各元素的质量，因此需要同时计算出流动区各组分的质量。影响流动区各组分的质量主要有两个过程，即流动区向剧烈反应区流动和剧烈反应区向流动区流动，如图 4-3 所示。

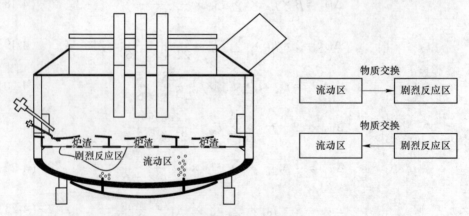

图 4-3 流动区钢液元素变换

4.2.4.3 系数修正

随着冶炼的持续进行，熔池成分发生变化，冶炼后期，脱碳速率降低，铁水中 C 含量与喷吹的氧气量没有明显的数学关系，受到铁水中的 C 浓度所影响。建立的模型需要满足熔池脱碳反应的基本规律，对冶炼后期熔池的 C 含量进行判断，引入氧气利用率系数 k_C 对末期氧气利用率进行数据修正，调节供氧量与脱碳量之间的关系，使碳氧反应更符合实际脱碳变化数学关系，计算关系如式（4-24）所示：

$$\Delta w_C^{last} = \Delta w_C \frac{w[C]}{w_S[C]} k_C \tag{4-24}$$

式中，Δw_C^{last} 为冶炼后期单位时间内碳的变化量；$w[C]$ 为熔池 C 含量，%；$w_S[C]$ 为冶炼后期熔池设定 C 含量，%；k_C 为氧气利用率系数。

熔池中发生的脱磷反应受脱磷温度、渣中 FeO 含量、CaO 的含量等因素所影响。根据式（4-2）所建立的 P 发生氧化反应的化学关系式，得到熔池中脱磷温度式（4-25）。本书以脱磷温度为判断依据，判断熔池温度与脱磷温度之间的关系，当熔池温度小于脱磷温度时，P 含量处于平衡条件，脱磷反应正向进行，磷含量的变化量满足关系式（4-22），当熔池温度大于脱磷温度时，平衡条件发生改变，导致渣中部分 P 又回到钢液中，发生回磷现象，此时需要引入回磷系数 k_P，对熔池的 P 含量进行合理修正。建立的修正关系如式（4-26）所示：

$$T_P = \frac{161890}{66.006 + 8.314\ln \frac{(1)^{0.2} \cdot a_{[Fe]}}{(a_{[P]})^{0.4} \cdot a_{(FeO)} \cdot (1)^{0.8}}} \tag{4-25}$$

$$\Delta w_P^{R-De} = \Delta w_{P_2O_5}^{slag} k_P \tag{4-26}$$

式中，T_P 为脱磷温度，℃；$a_{[Fe]}$ 为熔池中 Fe 元素的活度；$a_{[P]}$ 为熔池中 P 元素的活度；$a_{(FeO)}$ 为渣中 FeO 的活度；Δw_P^{R-De} 为冶炼后期单位时间内回磷的变化量；$\Delta w_{P_2O_5}^{slag}$ 为渣中参与回磷氧化物的量；k_P 为回磷系数。

冶炼后期，工艺操作向熔池中喷吹的炭粉使炉渣中的 FeO 被还原，化学反应如式（4-27）所示，渣中 FeO 被碳还原，影响整个熔池其余元素的变化走向，而这部分被还原的量难以定量描述。因此，有必要引入 FeO 还原系数对这部分被还原的 Fe 进行描述，根据式（4-28）对炉渣中的 FeO 含量进行修正，使其符合实际成分变化规律：

$$(FeO) + [C] =\!\!=\!\!= [Fe] + (CO) \tag{4-27}$$

$$\Delta w_{Fe}^{R-De} = \Delta w_{FeO}^{slag} k_{FeO} \tag{4-28}$$

式中，Δw_{Fe}^{R-De} 为冶炼后期单位时间内被还原 Fe 的变化量，kg/s；Δw_{FeO}^{slag} 为渣中 FeO 被还原的量，kg/s；k_{FeO} 为渣中 FeO 还原系数。

4.3 模型开发

通过对电弧炉熔池元素的选择性氧化反应基础研究和熔池搅拌对炉内的动力学影响分析，确定了熔池成分过程变化数学关系以及不同熔池搅拌条件下钢液流动速度数学关系，熔池区域钢液流动传质的循环准数及关联关系，并引入修正系数对炼钢过程冶炼后期氧气利用率、回 P 现象、FeO 的还原对成分的影响进行修正。以实现对电弧炉炼钢过程成分的实时预报。构建的过程成分预报模型具体流程如图 4-4 所示：

（1）确定模型运算初始条件，以铁水重量、铁水温度、铁水成分、废钢重量、废钢成分为基础，计算熔清成分和熔清温度。

（2）基于元素选择性氧化理论，计算多组态条件下 C、Si、Mn、P、Fe 与氧气发生反应的吉布斯自由能，判断元素优先氧化顺序。

（3）以判断的元素发生氧化顺序为基础，遵循电弧炉冶炼过程成分变化数学关系，计算周期内，剧烈反应区 C、Si、Mn、P、Fe 等元素的氧化量。

（4）根据对电弧炉炼钢熔池内反应动力学的研究，考虑剧烈反应区与流动区之间钢液传质数学关系，即单位时间内剧烈反应区与流动区钢液的交换系数 k。

（5）结合各区域钢液流动传质关系，计算出周期内熔池各区域钢液成分和炉渣成分数据，并作为下一周期运行初始条件，模型循环计算，得到钢液成分的变化趋势，实现对炼钢过程成分连续的实时预估。

（6）当炉次冶炼结束时，采集实际的出钢成分数据与模型预报值进行比较分析，修正过程参数，包括氧气利用率系数、回磷系数、炉渣中 FeO 还原系数。

利用 VS2013 开发选择性氧化理论模块实现对炼钢过程成分连续的实时预报。模型根据输入的初始条件计算熔清成分，根据反应的吉布斯自由能数值大小，依次判断熔池元素氧化反应顺序，在确定周期内元素氧化顺序的基础上，通过电弧炉冶炼过程成分变化数学关系计算剧烈反应区元素氧化量，结合熔池反应动力学的影响，计算周期内熔池成分的变化量，更新反应活度熵和温度，模块循环计算，直至冶炼结束，输出钢液成分。开发的选择性氧化理论模块界面如图 4-5 所示。

开发的选择性氧化模块，具有实时预报电弧炉炉内各熔池区域钢液 C、Si、Mn、P 元素质量分数，反应相关热力学参数、炉渣成分[6]，反应吉布斯自由能等过程数据，提供过程元素预报结果曲线，冶炼过程钢液 Fe 氧化情况预报、冶炼过程钢液成分各元素变化等曲线。电弧炉炼钢供氧指导模型结构如图 4-6 所示。

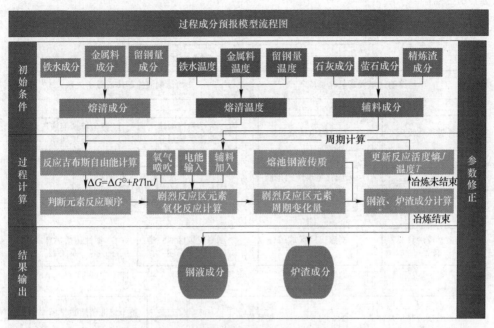

图 4-4 过程成分预报模型步骤示意图

图 4-5 选择性氧化模块界面图

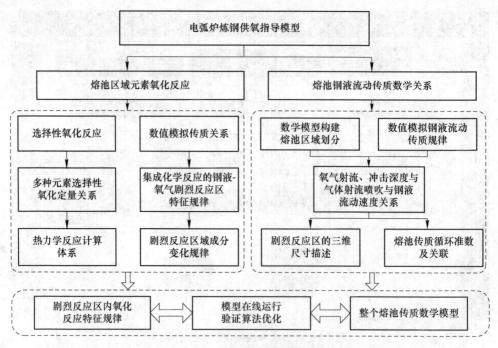

图 4-6 供氧指导模型结构

模型持续运行过程中，采集现场的实际供氧量、炭粉喷吹量，以及钢液终点成分数据，并收入数据库，利用相关算法对历史冶炼数据进行自学习，修正选择性氧化模块及过程成分预报中的损失参数、脱磷参数、氧气利用率等相关系数，结合电弧炉炼钢过程工艺操作，实现准确成分预估，指导供氧操作。

通过采集现场电弧炉冶炼铁水、废钢等原料数据，计算模型运行的初始条件，利用构建的过程成分预报模型进行循环计算，得到钢液成分的变化趋势，实现对炼钢过程成分连续的实时预估。冶炼结束时，利用终点成分预报模型进行终点成分预报，分析钢液成分预报数据，输出炉内钢液成分的准确预报数据。主要分析步骤如下：

（1）初始条件计算。利用模型初始条件计算公式对采集到的铁水、废钢等数据进行熔清成分和熔清温度的计算。

（2）过程数据推动。获取冶炼过程供电量、供氧量、炭粉消耗、石灰等辅料加料数据，为过程成分预报模型稳定运行提供数据支撑。

（3）过程成分预报。基于选择性氧化理论计算模块，实现炼钢过程成分连续的实时预估。

（4）终点成分预报。冶炼即将结束时，获取炉次废钢重量、铁水重量、铁水成分等冶炼数据，对熔池钢液成分进行终点预报，输出钢液成分的准确预报数据。

（5）过程参数修正。冶炼结束时，采集冶炼实际成分数据，对系统预报过程参数进行修正，包括氧气利用率修正、回磷系数修正、炉渣中 FeO 还原系数修正。其流程示意图如图 4-7 所示。

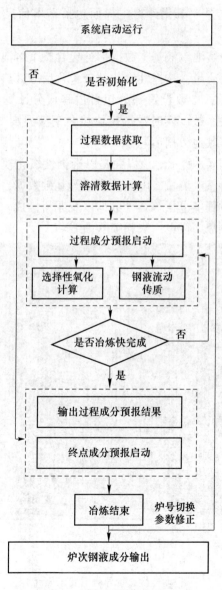

图 4-7 模型系统运行流程

4.4 模型功能介绍

4.4.1 供氧指导界面

供氧指导模块主要包括两部分：服务器端实时计算模块和客户端成分预估主界面。计算模块包括熔池钢液基本数据部分、选择性氧化计算模块、参数设置模块、实时数据模块。选择性氧化计算主界面包括基本信息、预测数据、指导数据、预报曲线。

服务器计算模块中熔池钢液基本数据部分包含整个熔池、剧烈反应区以及流动区的各元素质量及总质量；选择性氧化部分包含反应区热力学数据和反应吉布斯自由能的中间过程量；参数设置部分包含过程成分计算热损失参数、脱磷参数、氧气利用率等相关系数；实时数据模块包含钢液温度变化情况、氧气流量、炭粉喷吹量以及供电等其他数据值。

供氧指导界面如图 4-8 所示。该界面是以选择性氧化模块为基础开发的人机交互界面，包括炉号、氧气流量、电能、炭粉等基础数据，过程每支氧枪实时流量数据和消耗数据，过程供电量等指导数据以及原料构成、供氧、供电曲线的可视化界面展示，过程供氧、供电、炭粉喷吹曲线。

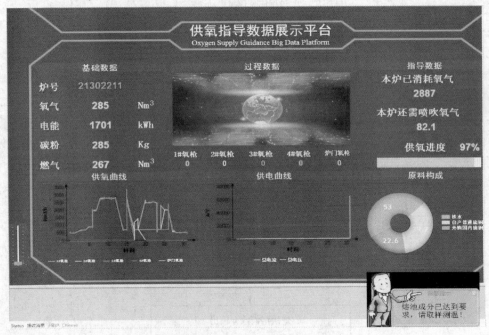

图 4-8 供氧指导数据展示界面

4.4.2 过程成分预报界面

过程成分预报界面如图 4-9 所示。该界面是以选择性氧化模块为基础开发的人机交互界面，包括炉号、氧气流量、电能、炭粉等基础数据，过程 C、Si、Mn、P 熔池成分的预报数据及相应预报曲线，过程供氧量等指导数据以及原料构成、供氧、供电曲线的可视化界面展示，过程供氧、供电、炭粉喷吹曲线如图 4-10 所示。

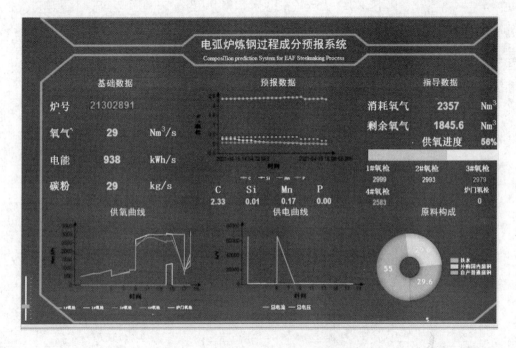

图 4-9　电弧炉炼钢过程成分预报界面

过程成分预报界面是提供给操作者的可视化展示界面，可便于操作员对冶炼过程进行监控，并根据界面展示相关数据执行工艺操作。一方面为操作者提供冶炼过程供氧、供电、炭粉、辅料加料等实时过程数据信息展示；另一方面提供电弧炉冶炼过程成分预报数据，并基于成分预报数据，对过程供氧情况给出指导数据。

4.4.3 终点成分预报界面

终点成分预报界面如图 4-11 所示。该界面包括模型系统预报的神经网络结构以及模型预报需要输入的 16 个过程参数和相应数据的采集情况。

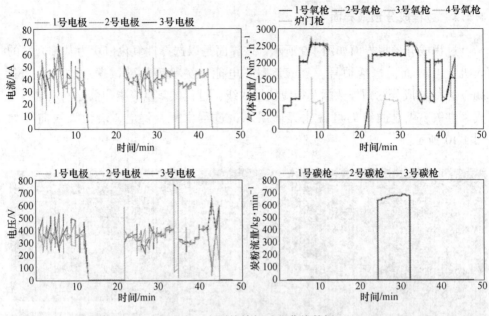

图 4-10　电弧炉炼钢过程曲线数据

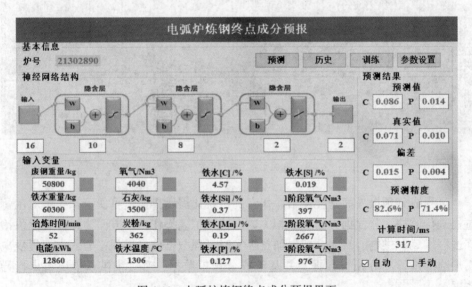

图 4-11　电弧炉炼钢终点成分预报界面

这 16 个变量包括废钢重量、铁水重量、铁水 C 含量、铁水 Si 含量、铁水 Mn 含量、铁水 P 含量、铁水 S 含量、铁水温度、冶炼时间、炭粉消耗、石灰消耗、电能、氧气消耗量，以及模型预报 C、P 成分的输出值及预报精度等数据，并提供了历史数据查询、训练模型、设置模型参数，手动和自动预报两种模式等功能，当冶炼结束时，采集现场炉次冶炼数据，对终点成分进行预报。

当电弧炉炼钢终点成分模型系统预报需要的输入变量都获取成功时，数据右侧绿灯亮，模型自动预报终点碳、磷含量，并输出结果。当界面中有部分数据未及时获取时，该数据右侧红灯亮，缺失的数据将根据历史数据自动获取上一炉次的数据，然后弹出提示框，显示是否预报，根据需求单击按钮，进行预报。该界面输出结果将有助指导现场进行终点成分控制，提高出钢钢水命中率，满足出钢要求。

4.4.4 供氧指导数据查询

供氧指导数据查询界面，是根据模型运行计算出的预估历史数据，主要包含现场的实际供氧量、炭粉喷吹量、预估的钢液温度、预估的熔池成分和热损失参数、脱磷参数、氧气利用率等相关系数。便于管理人员对历史数据进行追溯，也可导出生成 Excel 数据报表，方便浏览查看，界面如图 4-12 所示。

图 4-12 供氧指导数据查询界面

4.4.5 成分预报数据查询界面

历史数据查询界面包括系统运行的历史过程数据和历史成分预报数据，过程数据包含现场的实际供氧量、供电量、炭粉喷吹量以及氧气利用系数、回磷系数、FeO 还原系数，界面如图 4-13 所示。

成分预报历史数据查询界面提供了数据查询及报表打印等功能，方便对历史数据进行追溯分析。

成分预报数据查询界面

时间查询　起始日期 2020-10-24　截止日期 2020-10-24　　　　查询

炉次查询　起始炉号 20307128　截止炉号 20307128　　　　导出

Time_	HeatNo	V_O2	Power	Carbon	DownSlag_w	Steel_T	Steel_C_0	Steel_Si_0	Steel_Mn_0	Steel_P_0	Steel_0
2020-10-11 16:31...	20307128	2880	6	0	0	490.61	2.1867	0.1344	0.3755	0.0627	0.02
2020-10-11 16:31...	20307128	2160	8	0	0	495.83	2.1868	0.1288	0.3755	0.0627	0.02
2020-10-11 16:31...	20307128	2880	6	0	0	500.89	2.187	0.1212	0.3755	0.0627	0.02
2020-10-11 16:31...	20307128	2880	7	0	0	506.34	2.1871	0.1136	0.3756	0.0628	0.02
2020-10-11 16:31...	20307128	2880	7	0	0	511.79	2.1873	0.106	0.3756	0.0628	0.02
2020-10-11 16:32...	20307128	3600	7	0	0	517.84	2.1875	0.0965	0.3756	0.0628	0.02
2020-10-11 16:32...	20307128	3240	6	0	0	523.21	2.1877	0.088	0.3757	0.0628	0.02
2020-10-11 16:32...	20307128	3600	8	0	0	529.51	2.188	0.0796	0.3757	0.0628	0.02
2020-10-11 16:32...	20307128	3600	7	0	0	535.28	2.1883	0.0721	0.3758	0.0628	0.02
2020-10-11 16:32...	20307128	3600	7	0	0	540.91	2.1887	0.0655	0.3758	0.0628	0.02
2020-10-11 16:33...	20307128	3600	7	0	0	546.54	2.1891	0.0589	0.3759	0.0628	0.02
2020-10-11 16:33...	20307128	3600	7	0	0	552.02	2.1896	0.0533	0.376	0.0628	0.02
2020-10-11 16:33...	20307128	3600	7	0	0	557.75	2.1901	0.0487	0.3761	0.0628	0.02
2020-10-11 16:33...	20307128	3960	7	0	0	563.33	2.1907	0.0435	0.3762	0.0629	0.02
2020-10-11 16:33...	20307128	3240	6	0	0	568.05	2.1911	0.0393	0.3762	0.0629	0.0201
2020-10-11 16:33...	20307128	3960	7	0	0	573.47	2.1918	0.0351	0.3764	0.0629	0.0201
2020-10-11 16:34...	20307128	3960	7	0	0	578.66	2.1924	0.0314	0.3764	0.0629	0.0201
2020-10-11 16:34...	20307128	3960	6	0	0	583.54	2.1931	0.0283	0.3766	0.0629	0.0201
2020-10-11 16:34...	20307128	8280	7	0	0	590.95	2.1948	0.0239	0.3769	0.063	0.0201

图 4-13　成分预报数据查询界面

4.4.6　基础数据参数设置界面

基础数据参数设置界面包括模型系统运行过程中热力学基础数据和反应吉布斯自由能的中间过程量、成分预报模型热损失基本参数、氧气利用率系数、回磷系数、FeO 还原系数等相关系数，模型系统界面结构如图 4-14 所示。

成分预报模型参数设置界面

起始炉号 21302032　　截止炉号 21302032　　　　查询　保存　导出

初始参数设置　初始阶段设置

标号	时间	加入总质量	加入氧化钙质量	加入二氧化硅质量	加入三氧化二铝质量	加入氧化镁质量	加入氧化锰质量	加入氧...
10	10	2000	100	0	0	0	0	0
20	20	0	0	0	0	0	0	0
30	30	0	0	0	0	0	0	0
40	40	0	0	0	0	0	0	0
50	50	0	0	0	0	0	0	0
60	60	0	0	0	0	0	0	0
70	70	0	0	0	0	0	0	0
80	80	0	0	0	0	0	0	0
90	90	0	0	0	0	0	0	0
100	100	0	0	0	0	0	0	0
110	110	0	0	0	0	0	0	0
120	120	0	0	0	0	0	0	0
130	130	0	0	0	0	0	0	0
140	140	0	0	0	0	0	0	0
150	150	0	0	0	0	0	0	0
160	160	0	0	0	0	0	0	0
170	170	0	0	0	0	0	0	0

图 4-14　基础数据参数设置界面

　　基础数据参数设置界面提供了用户交互窗口，方便用户根据模型系统在现场运行时，对预报过程参数进行实时调整，满足现场生产预报需求。

4.5　模型应用效果

　　系统不仅实现了现场冶炼过程中的各种信息展示，并且实现了过程和终点的成分预报，给现场冶炼操作提供了有效的过程指导。本节从附表中选取不同原料条件下 8 种代表性钢种（STEEL-A、STEEL-B、STEEL-C、STEEL-D、STEEL-E、STEEL-F、STEEL-G、STEEL-H）冶炼数据，并对其进行了详细分析。

4.5.1　电弧炉冶炼初始数据

　　电弧炉冶炼初始数据主要包括冶炼原料的铁水重量、成分、废钢重量、种类等初始数据，通过自主开发的数据采集模型收集现场 8 种代表性钢种冶炼炉次的铁水和废钢信息。现场废钢主要有普通废钢、外购废钢、渣钢、切割料、生铁等，原料结构复杂，成分差异大，需要对现场废钢成分数据进行均值处理，以此作为系统运行的废钢成分初始条件，根据初始条件计算公式，计算炉次熔清成分和熔清温度信息见表4-1。

表 4-1　部分炉次熔清数据

钢种	C/%	Si/%	Mn/%	P/%	温度/℃	重量/t
STEEL-A	1.78	0.17	0.20	0.05	513.28	120.3
STEEL-B	1.98	0.12	0.17	0.05	587.19	118.2
STEEL-C	2.00	0.06	0.23	0.05	616.88	115.4
STEEL-D	2.21	0.19	0.29	0.06	662.63	104.4
STEEL-E	2.17	0.19	0.25	0.05	631.74	114.8
STEEL-F	2.04	0.16	0.22	0.06	595.99	118.3
STEEL-G	2.08	0.23	0.31	0.07	632.68	114.6
STEEL-H	2.27	0.15	0.28	0.06	718.32	114.8

4.5.2　电弧炉冶炼过程数据

　　在电弧炉冶炼过程中会进行持续供电、气体喷吹、炭粉喷吹、加入辅料等工艺操作，帮助熔池快速升温和冶炼造渣，脱除熔池杂质元素，减少金属喷溅。系统运行采集的冶炼过程数据主要有电能、氧气消耗量、炭粉消耗、石灰等辅料加料数据。

合理的供氧操作制度可以有效保证杂质脱除，熔池快速升温，成渣快、减少喷溅，去除钢液中气体和夹杂物。关系到系统稳定运行和过程成分预报的准确性。系统运行需要采集现场每支氧枪（1 号炉壁氧枪、2 号炉壁氧枪、3 号炉壁氧枪、4 号炉壁氧枪、炉门氧枪）的流量数据，计算单位时间内的总氧气消耗量，在冶炼过程中采集了 8 种代表性钢种冶炼炉次的气体流量数据，绘制曲线如图 4-15 所示。

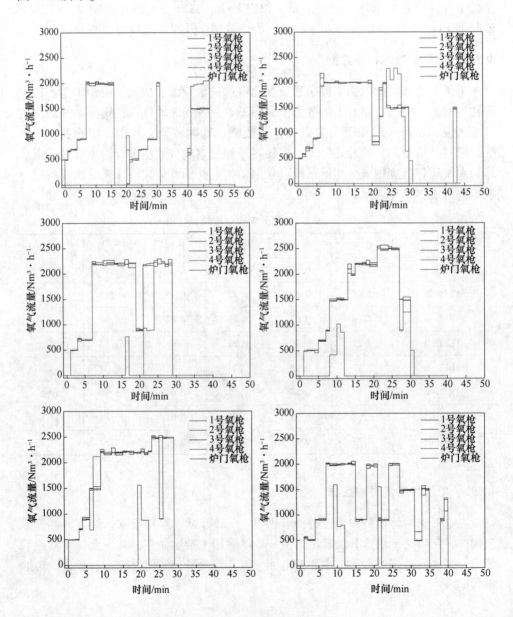

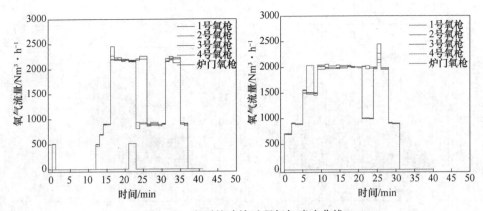

图 4-15　电弧炉冶炼过程氧气喷吹曲线

　　在电弧炉炼钢生产过程中，不同冶炼时期电功率不同，合理的电气运行制度会有效提高钢铁生产质量和效率，实时采集冶炼过程电极的电流、电压和电能总消耗，采集了 8 种代表性钢种冶炼炉次的平均电气运行特性参数，绘制曲线如图4-16 和图 4-17 所示。

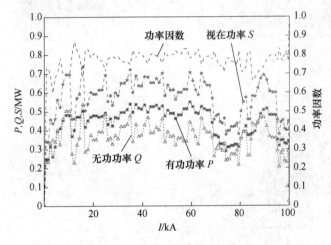

图 4-16　电弧炉平均电气特性曲线图

　　在某种意义上说炼钢就是炼渣，炼钢过程加入石灰等辅料能够帮助脱除钢液中的有害元素磷，调整炉渣成分，控制钢液成分合格，通常在冶炼的前期分批次加入总量为 3.5~4.5t 的石灰。在冶炼过程中，向炉内喷吹炭粉，使其与炉内的氧发生强烈的碳氧反应，在渣层内形成大量的 CO 气体，有助于脱气和夹杂物的去除。冶炼后期喷吹炭粉，C 与渣中 FeO 发生还原反应，有效降低渣中 FeO 的含量，减少熔池铁损。采集了 8 种代表性钢种冶炼炉次的炭粉喷吹数据，绘制曲线如图 4-18 所示。

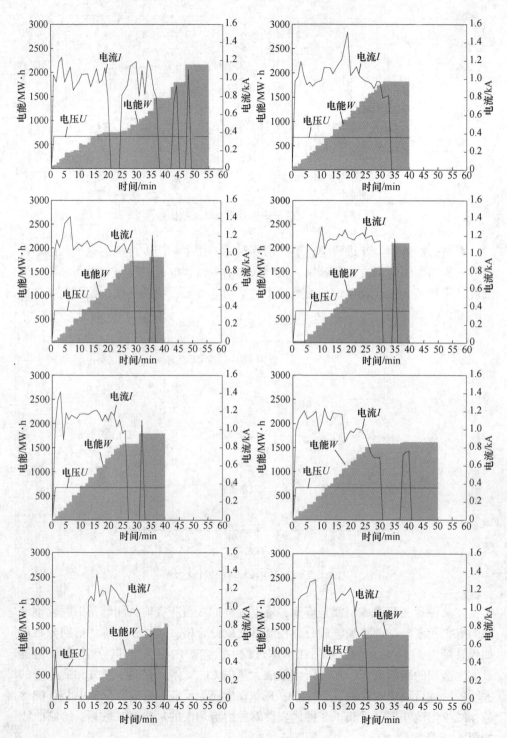

图 4-17　电弧炉电气特性曲线图

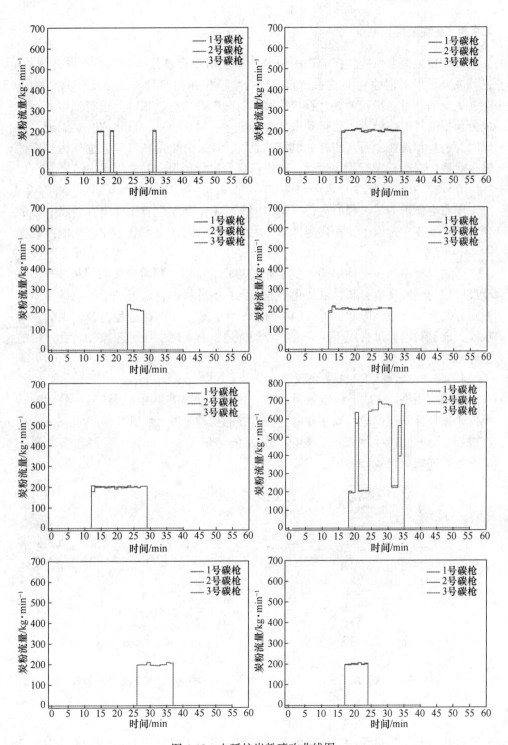

图 4-18 电弧炉炭粉喷吹曲线图

4.5.3 系统预报结果

成分预报模型系统预报的钢液成分数据包括过程成分预报和终点成分预报，过程成分预报根据原料的铁水重量、成分、废钢重量、种类以及冶炼过程的电能、氧气消耗量、炭粉消耗、石灰等数据对电弧炉冶炼过程成分进行预报。终点成分预报通过冶炼结束时，自动采集废钢重量、铁水重量、铁水成分、温度、冶炼时间、炭粉消耗、石灰消耗、电能、氧气消耗、分阶段氧气等数据作为模型的输入参数，对数据进行预处理后，对终点成分进行预报，并输出预报结果。

4.5.3.1 冶炼过程 C 成分预报

随着电弧炉冶炼过程的进行，炉内钢液元素不断发生氧化反应，钢液中 C 的含量不断减少，选取了 8 种代表性钢种冶炼炉次的 C 成分预报数据，绘制曲线如图 4-19 所示。

通过分析发现，冶炼初期 C 的变化趋势较为平缓，随着反应的不断进行，脱碳反应成为主要反应，碳含量变化迅速，而在冶炼后期，由于 C 受熔池碳传质所影响，脱碳速率受到限制，下降趋势较为平缓。该反应变化过程符合炼钢的基本规律，能够对冶炼过程脱碳反应进行合理描述，对实际生产工艺操作具有一定的指导意义。

4.5.3.2 冶炼过程 Si 成分预报

炼钢所用铁水中含有一定数量的硅，在炼钢过程中，由于硅的活度较大，与氧发生选择性氧化反应的顺序靠前，在冶炼的初始阶段，脱硅反应迅速完成。反应过程中硅氧化产生大量的化学热，放出的热量增多，有利于废钢的熔化和化渣，绘制曲线如图 4-20 所示。

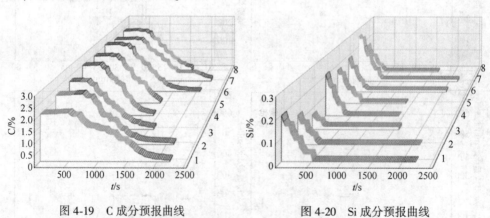

图 4-19　C 成分预报曲线　　　　　　图 4-20　Si 成分预报曲线

4.5.3.3 冶炼过程 Mn 成分预报

在电弧炉冶炼过程中，铁液中的锰在高温下能生成稳定的氧化锰，反应主要发生在金-渣界面上。在冶炼初期，熔池温度较低，低温下有利于锰发生氧化反应，在这个阶段锰反应迅速。随着反应持续进行，熔池温度升高，反应的平衡常数 K 减小，锰的氧化区域平衡，同时由于碳的强烈氧化，渣中 FeO 的含量减低，锰的氧化反应受到限制，熔池中锰含量基本保持不变，绘制曲线如图 4-21 所示。

4.5.3.4 冶炼过程 P 成分预报

在电弧炉炼钢过程中，随着辅料加入和炉门流渣，钢液元素和炉内炉渣成分不断变化，钢液中 P 含量也持续降低。为了能直观地呈现出熔池 P 元素成分的变化趋势，选取了 8 种代表性钢种冶炼炉次的 P 成分预报数据，绘制曲线如图 4-22 所示。

由图 4-22 可以看出，熔池中的 P 含量在冶炼前期，随着石灰等辅料的加入，下降趋势明显，在一定时间内，磷含量被脱除到很低的范围，随着冶炼的持续进行，熔池中磷的平衡条件改变，发生回磷现象，熔池中磷含量呈现增长的趋势。

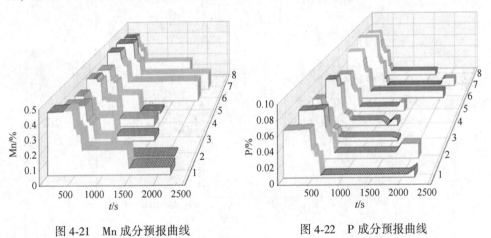

图 4-21　Mn 成分预报曲线　　　　　　图 4-22　P 成分预报曲线

4.5.3.5 冶炼过程参数修正变化曲线

冶炼过程参数修正变化曲线包括氧气利用率修正、回磷系数修正以及 FeO 被 C 还原系数修正变化曲线。以炼钢厂实际统计数据 80% 为基础，在此基础上引入氧气利用率修正系数，根据冶炼炉次终点 C 成分，对氧气利用率进行动态修正。回磷系数以实际 P 成分数据为基础，通过对预报数据进行分析比较，引入回磷修正系数，对系统预报的 P 成分进行动态修正。

4.5.4 应用效果分析

模型系统在现场应用期间，采集了冶炼过程中的生产数据，对电弧炉炼钢过程和终点进行成分预报，并根据成分预报结果，提供了对电弧炉炼钢冶金反应进程的判断、终点成分的控制与冶炼工艺提供指导。以下从过程预报和终点预报对现场应用帮助效果进行分析总结。

4.5.4.1 过程成分预报的工艺指导效果

目前国内有相当比例的电弧炉炼钢工艺操作主要是依靠人工经验进行，这种方法无法根据炉内钢液成分变化情况，进行合理地吹氧、造渣、喷炭粉等工艺操作，导致炼钢终点成分偏差较大，成本较高，冶炼时间长。电弧炉炼钢过程成分预报能够实时预报过程钢液成分变化情况，根据钢液的成分变化情况计算冶炼过程需要的供氧量数据，分析了 8 种代表性钢种 126 余炉次的建议供氧量和实际供氧量，如图 4-23 所示。过程预报成分数据能够更加科学、准确地指导现场工人进行供氧操作，缩短冶炼周期以及提高产品质量，为电弧炉炼钢全过程实现智能化控制提供基础。

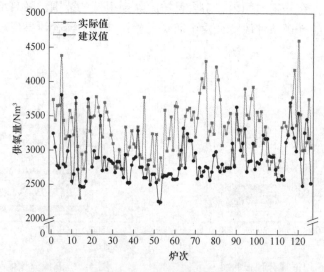

图 4-23 电弧炉炼钢供氧量实际消耗与系统建议值

从图 4-23 可以看出，大部分炉次系统给出的建议供氧量比现场操作人员实际供氧量小。结合钢厂目标钢种成分要求，以目标出钢 C 成分与实际冶炼出钢 C 成分平均偏差±0.05%的范围内作为评判标准，满足该标准的炉次数共有 92 炉。其中，实际冶炼出钢 C 成分大于目标出钢 C 成分的有 39 炉次，说明实际喷吹的氧气量少；实际冶炼出钢 C 成分小于目标出钢 C 成分的有 53 炉次，说明实际喷吹的氧气偏多，取样检测分析发现炉渣中 FeO 含量偏多，钢水过氧化严重。说明系统给出的供氧量能有效缓解实际冶炼钢水过氧化问题，对现场操作具有一定的指导意义。

4.5.4.2 终点成分预报

现场对每种钢种成分控制均有不同的冶炼要求，为评价模型系统对现场 8 种代表性钢种终点成分预报的准确性，分析 8 种代表性钢种 126 余炉次的终点 C、

P 成分平均偏差，建立平均偏差公式关系式如式（4-29）所示。终点成分预报平均值、实际平均值、偏差范围、平均偏差见表 4-4。

$$E_{\text{steel}} = \dfrac{\sum\limits_{i=1}^{n} |X_i^{\text{fac}} - X_i^{\text{pre}}|}{n} \tag{4-29}$$

式中，E_{steel} 为钢种的平均偏差；X_i^{fac} 为钢种的实际值；X_i^{pre} 为钢种的预报值；n 为钢种冶炼炉次数。

从表 4-2 中可以看出，8 种代表性钢种终点 C 预报成分的偏差范围分别为 0.01%~0.06%、0.00%~0.09%、0.00%~0.11%、0.00%~0.18%、0.00%~0.08%、0.00%~0.08%、0.01%~0.12%、0.01%~0.12%，C 的平均偏差分别为 0.03%、0.04%、0.03%、0.05%、0.02%、0.03%、0.05%、0.04%；终点 P 预报成分的偏差范围分别为 0.001%~0.008%、0.001%~0.015%、0.001%~0.014%、0.001%~0.008%、0.001%~0.010%、0.000%~0.007%、0.000%~0.010%、0.000%~0.011%，P 的平均偏差分别为 0.003%、0.006%、0.007%、0.004%、0.004%、0.004%、0.004%、0.003%。根据钢厂对不同钢种 C、P 终点控制要求，终点 C、P 成分预报平均偏差满足钢厂要求，能够对终点成分控制提供有效指导。

表 4-2 部分炉次成分预报结果

钢种	终点成分预报平均值/%		实际平均值/%		偏差范围/%		平均偏差/%	
	C	P	C	P	C	P	C	P
STEEL-A	0.09	0.012	0.08	0.012	0.01~0.06	0.001~0.008	0.03	0.003
STEEL-B	0.10	0.012	0.09	0.017	0.00~0.09	0.001~0.015	0.04	0.006
STEEL-C	0.11	0.015	0.09	0.008	0.00~0.11	0.001~0.014	0.03	0.007
STEEL-D	0.08	0.015	0.12	0.011	0.00~0.18	0.001~0.008	0.05	0.004
STEEL-E	0.07	0.012	0.08	0.011	0.00~0.08	0.001~0.010	0.02	0.004
STEEL-F	0.10	0.014	0.10	0.012	0.00~0.08	0.000~0.007	0.03	0.004
STEEL-G	0.13	0.011	0.08	0.048	0.01~0.12	0.000~0.010	0.05	0.004
STEEL-H	0.10	0.014	0.12	0.041	0.01~0.12	0.000~0.011	0.04	0.003

本书针对现场冶炼的 8 种代表性钢种冶炼炉次的预报数据进行了分析，并对现场冶炼炉次提供了操作指导建议。由于研究时间有限，截止到目前选取的现场冶炼炉次数据不够充分，过程预报可以为电弧炉冶炼过程提供过程工艺操作指导，并为评价电弧炉炼钢过程控制策略和整体优化提供很好的参考。对存在问题及改进建议如下：

（1）现场废钢原料多元化，废钢质量参差不齐，导致过程成分预报的初始条件存在不稳定、波动范围大的现象，未来应该加强废钢质量管理，使模型系统预报精度得到进一步的优化。

（2）随着电弧炉炼钢过程取样技术、冶炼过程监控技术（熔清样分析、炉门流渣、红外测温）的发展，获取过程数据及时对成分预报数据进行修正，使模型系统命中率更高。

（3）电弧炉冶炼过程中，热量损失变化复杂，包括炉体、炉门口的热辐射、对流和传导传热，这部分热量占热量总收入的 3%~8%，波动范围大，难以对其进行定量描述，影响对炉内冶金反应进程的准确判断，后续应该加强对过程热损失的量化研究，提供对炉内冶金反应进程的判断依据。

参 考 文 献

［1］杨诗桐. 论渣钢铁电炉炼钢供氧技术优化 ［J］. 建材与装饰，2019 （8）：206-207.

［2］Xu Y, Chen Z, Liu T. Slag foaming experiments in EAF for stainless steel production ［J］. Baosteel Technical Research, 2012 （3）：32-36.

［3］王柏惠，杨凌志，郭宇峰，等. 电弧炉炼钢成分预报现状与熔池搅拌对其影响 ［J］. 中国冶金，2017，27 （12）：1-7.

［4］杨凌志，薛波涛，宋景凌，等. 电弧炉炼钢炉渣成分实时预报模型 ［J］. 工程科学学报，2020，42 （S1）：39-46.

［5］胡航，杨凌志，易娟，等. 电弧炉炼钢能量优化与节能技术研究现状与展望 ［J］. 工业加热，2021，50 （3）：1-7, 12.

5 电弧炉炼钢炉渣预报模型

5.1 背景与工艺介绍

电弧炉炼钢作为短流程炼钢的重要环节之一，其主要任务是为精炼过程提供成分合格的钢水[1~3]。在电弧炉炼钢过程中，炉渣成分直接影响钢液成分的控制、泡沫渣的产生以及有害元素磷等的脱除[4~10]。准确判断和控制冶炼过程中的炉渣成分是提高钢液质量的重要工作。

冶金研究者在炼钢炉渣成分控制与检测技术方面做了大量的研究，得到合理的炼钢炉渣成分，实现炉渣成分的事后检测，使其满足炼钢工艺的需求。然而在实际冶炼过程中，控制炉渣成分达到目标要求是通过加入石灰等辅料与控制炉门流渣来实现的，如何对这些工艺进行合理操作，首先需要了解电弧炉炉内炉渣的实时成分，前人对这一问题的研究很少。本书研究冶炼过程中炉内反应、加料、炉门流渣对炉渣成分的影响，构建一个电弧炉炼钢炉渣成分预报模型，实现对炉内炉渣成分的实时预测。

本章节针对某炼钢厂的实际工艺情况，从模型构建理论、模型开发、功能介绍以及应用效果等方面介绍电弧炉炼钢炉渣预报模型案例。

5.2 模型构建理论

在电弧炉炼钢过程中，炉内钢液主要元素（C、Si、Mn 和 Fe 等）不断地发生着氧化反应，为了研究其反应及反应进程对炉渣成分和质量的影响，构建了基于选择性氧化反应的炉渣成分改变模型。

模型是以一定的周期进行循环计算的，在一个周期内，模型首先根据范特霍夫等温公式 $\Delta G = \Delta G^{\ominus} + RT\ln J$，计算出钢液元素实时温度下的反应吉布斯自由能，以实时地确定出各元素发生氧化反应的顺序；然后由实时判断出的氧化元素以及实时吹入氧气的消耗量计算出实时的炉内炉渣成分与质量的变化；最后考虑熔池钢液流动因素，计算其对炉内组分的影响，获取下一个周期钢液与炉渣成分、温度的初始计算条件，模型计算流程如图 5-1 所示。

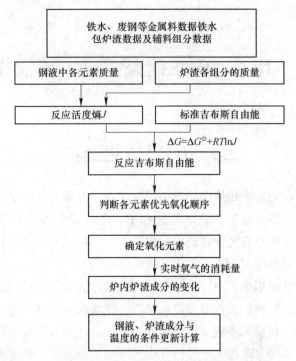

图 5-1　选择性氧化模型计算流程

5.2.1　炉内选择性氧化理论研究

由于废钢、铁水以及铁水包炉渣各组分质量已知，即熔清时钢液与初始炉渣各组分的质量已知，通过计算出的钢液和炉渣各组分的摩尔百分数以及活度系数，计算出钢液中各组分元素的反应活度熵 J，进而根据范特霍夫等温公式 $\Delta G = \Delta G^{\ominus} + RT\ln J$ 计算出的 ΔG，判断出实时氧化的钢液元素，其中各组分元素发生氧化反应的吉布斯自由能 $\Delta G^{\ominus}$ 通过查表可获得。

5.2.1.1　各组分元素反应吉布斯自由能

A　计算各组分元素标准吉布斯自由能 $\Delta G^{\ominus}$

根据氧势图及计算氧化物的标准吉布斯自由能公式 $\Delta G^{\ominus} = A + BT$，计算出各组分（C、Si、Mn 和 Fe）的标准吉布斯自由能，其中 A、B 值在热力学函数表查得，见表 5-1。

表 5-1　各反应元素热力学函数表

$\Delta G^{\ominus} = A + BT$	A	B
$[C] + [O] = [CO]$	−257730	−39.2
$1/2[Si] + [O] = 1/2[SiO_2]$	−285290	−107.91

$\Delta G^{\ominus} = A + BT$	A	B
[Mn] + [O] = [MnO]	−295080	129.83
[Fe] + [O] = [FeO]	−112550	44.014

B 计算各组分的反应熵 J

由于初始原料，如铁水、废钢以及铁水包炉渣各组分成分和质量已知，其钢液和炉渣各组分质量分别为 M_μ 和 M_γ，钢液中的元素（μ）包括 C、Si、P、O、Fe 和 N 等，炉渣中的各组分（γ）包括 CaO、SiO_2、Al_2O_3、MgO、MnO、FeO 和 Fe_2O_3 等，通过计算出钢液各组分的摩尔百分数 X_μ、活度系数 f_μ 和炉渣各组分的摩尔百分数 X_γ 以及活度系数 f_γ，计算出其活度以及反应活度熵 J。其中，计算炉渣各组分的活度系数运用聚集电子相计算模型，计算炉渣各组分的活度系数 β_γ 中的 $\varepsilon_{\gamma\mu}$ 以及钢液各组分的活度系数由元素之间的相互作用系数 e_A^μ 通过查表获得，整体计算钢液元素反应活度熵流程如图 5-2 所示。

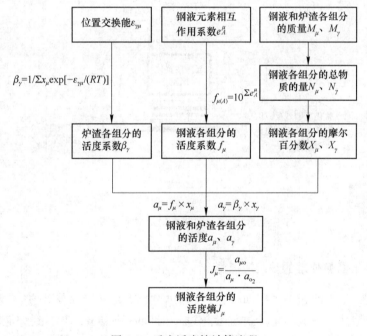

图 5-2 反应活度熵计算流程

C 计算各组分反应吉布斯自由能 ΔG

由钢液各元素的标准吉布斯自由能以及钢液各组分元素的活度，计算出反应活度熵 J，并根据范特霍夫等温公式 $\Delta G = \Delta G^{\ominus} + RT\ln J$，计算出实时恒温下的反应吉布斯自由能。

5.2.1.2 钢液元素氧化顺序研究

通过计算钢液中发生反应的主要元素 C、Si、Mn 和 Fe 的反应吉布斯自由能 ΔG，并将其反应吉布斯自由能 ΔG_C、ΔG_{Si}、ΔG_{Mn} 和 ΔG_{Fe} 进行大小比较，数值小的元素优先被氧化。在电弧炉炼钢过程中，炉内钢液各元素不断地发生着氧化反应，同时钢液和炉渣成分发生变化，建立的基于选择性氧化反应的炉渣成分改变模型实时计算以确定实时的氧化反应以及反应进程，并在实时周期内计算出氧化反应后生成炉渣的成分和质量以及钢液变化，其中的钢液变化包括氧化反应后钢液剧烈反应区温度以及钢液反应区各元素即供氧化的质量，由此钢液变化的条件确定下一实时周期的反应吉布斯自由能，并重新确定钢液变化，通过模型程序不断反复地计算优先氧化的元素以及炉渣和钢液的变化，不断地实时确定电弧炉炉内的氧化反应顺序，直至冶炼结束倒出钢水，其模型不断实时分析、判断，并更新实时氧化的元素，其示意图如图 5-3 所示。

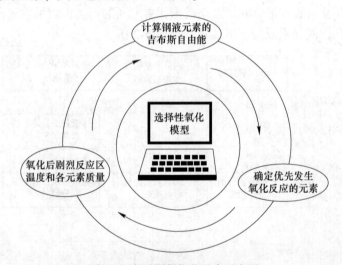

图 5-3 实时判断氧化元素示意图

5.2.2 基于图像处理的炉门流渣量

在电弧炉炼钢过程中，炉内会发生剧烈碳氧反应，使得炉渣形成泡沫渣[11~17]。泡沫渣在实际生产过程会越过炉门口向外溢出，以达到炉渣脱磷换渣的效果。炉门流渣的溢出量直接影响着炉内渣成分的预测，因此，有必要对炉门口溢出的渣量进行实时统计。采用图像处理的方法对炉门流渣溢出过程进行视频采集与分析研究，建立基于图像处理的炉门流渣量实时预测模型，实现实时预测炉门流渣的溢出质量。

为了实时计算出从炉门口溢出的炉门流渣质量，利用工业摄像头实时拍摄溢出的炉门流渣视频，并将视频传输至计算机中自主开发的图像处理模型，便于实时对溢出的炉门流渣视频图像进行分析、处理和计算。

5.2.2.1 视频图像的采集

在电弧炉炼钢过程中，炉内发生剧烈反应，悬浮在钢液上层的渣体会发生振荡，并从炉门口溢出，竖直下落。为了采集到高清晰度与高质量的炉门流渣溢出视频，同时避免高温对机械操作的影响，将固定工业摄像头的三脚架设置在距炉门流渣20m的位置，并保证良好的拍摄视角，连接摄像头电源和计算机之间的传输数据线，实时传输录制的溢出炉门流渣视频[17]，如图5-4所示。

图 5-4　炉渣溢出过程拍摄示意图

5.2.2.2 炉门流渣的计算

根据捕捉视频区域亮度变化特征对图像中炉门流渣区域和非炉门流渣区域进行识别和处理，建立炉渣区域面积与质量的关系。通过研究每炉次总渣波动性和炉门流渣中大小区域炉渣面积的关系，得到炉门流渣面积与质量的关系，如式(5-1) 所示：

$$\Delta M_{流渣} = 1.014 \times 10^{-4} \times S_{big}^{1.15}\left[1 + \left(\frac{S_{small}}{S_{big}}\right)^{2}\right] \tag{5-1}$$

式中，$\Delta M_{流渣}$ 为一个周期内炉门流渣的质量；S_{big} 为炉门流渣大区域面积；S_{small} 为流渣小区域流渣面积。

由于实时溢出的炉门流渣成分与当前炉内炉渣成分是相同的，因此炉内炉渣各组分减少的质量（$\Delta M_{流渣}^{MO}$）可由式（5-2）计算得出：

$$\Delta M_{流渣}^{MO} = \Delta M_{流渣} \cdot m_{渣}^{MO} \tag{5-2}$$

式中，$m_{\text{渣}}^{\text{MO}}$ 为当前炉内炉渣各组分质量分数；MO 为炉渣中氧化物 CaO、SiO_2、MnO、FeO 和 Fe_2O_3 等。

5.2.3 基于氧化反应的炉渣成分与质量变化数学关系

针对炉内钢液元素实时发生的氧化反应，从热力学上基于范特霍夫等温公式确定实时氧化的钢液元素，从动力学上研究熔池内剧烈反应区与流动区及炉渣之间的物质和能量交换，实时计算出氧化后下一个实时周期的钢液条件以及炉渣的变化，基于此，构建了基于选择性氧化反应的炉渣成分改变模型，不断循环地计算以及累加炉渣的变化，计算出实时氧化后炉渣的成分和质量。

计算炉内炉渣成分和质量的具体流程和步骤为：冶炼前加入的铁水及废钢成分和质量、铁水包炉渣成分以及实时加入辅料成分和质量已知，便可计算出冶炼初始钢液中的 C、Si、Mn 和 Fe 元素成分的质量以及初始炉渣的成分及质量；随着冶炼的进行，钢液元素不断地被氧化形成炉渣，通过实时氧气的消耗量和被氧化的元素计算出炉渣增加的质量，如 Si、Mn 和 Fe 被氧化生成 SiO_2、MnO 和 FeO，计算出炉内炉渣的增量，其中 C 元素被氧化生成 CO 溢流于空气中对炉渣的成分和质量几乎没有影响。当一个实时氧化周期结束后，重新确定钢液条件，包括剧烈反应区温度以及剧烈反应区的供氧化元素的质量，并根据钢液中各元素的反应吉布斯自由能判断氧化的反应顺序，以及再次计算炉内炉渣各组分成分 SiO_2、MnO 和 FeO 的质量的增量，周而复始地不断计算，直至冶炼过程结束。

根据钢液中各元素的氧化反应的化学方程式，如式 (5-3)~式 (5-5) 所示，以及实时消耗的氧气量，模型从冶炼初始至结束动态计算出炉内炉渣中各组分，如 SiO_2、MnO 和 FeO 的实时质量，而初始钢液和炉渣的成分以及质量已知：

$$Si + O_2 \rule[0.5ex]{2em}{0.4pt} SiO_2 \tag{5-3}$$

$$2Fe + O_2 \rule[0.5ex]{2em}{0.4pt} 2FeO \tag{5-4}$$

$$2Mn + O_2 \rule[0.5ex]{2em}{0.4pt} 2MnO \tag{5-5}$$

根据上述式 (5-3)~式 (5-5) 的化学方程式，分别对钢液中 Si、Mn 和 Fe 发生氧化反应时炉内炉渣中 SiO_2、FeO、MnO 的增量与总渣的增量进行计算，其中，该部分相关的符号表示方法说明如下：

X——Si、Mn 和 Fe 元素；

Slag_W——炉渣的质量；

L_Slag_W——反应后炉渣的质量；

R——SiO_2、MnO 和 FeO；

Slag.R——炉渣中各对应氧化物的质量。

当钢液中 Si 发生氧化反应生成 SiO_2 时，由吹入氧气的消耗量计算出反应后炉内炉渣 SiO_2 的增量以及炉渣的增量，其计算式如式 (5-6) 和式 (5-7) 所示：

$$L\_Slag\_SiO_2\_W = Slag\_SiO_2\_W + Mr_{SiO_2} \times (V\_O_2/V_m)/1000 \qquad (5\text{-}6)$$

$$L\_Slag\_W = Slag\_W + Mr_{SiO_2} \times (V\_O_2/V_m)/1000 \qquad (5\text{-}7)$$

当钢液中 Mn 发生氧化反应生成 MnO 时，由吹入氧气的消耗量计算出反应后炉内炉渣 MnO 的增量以及炉渣的增量，其计算式如式（5-8）和式（5-9）所示：

$$L\_Slag\_MnO\_W = Slag\_MnO\_W + 2 \times Mr_{MnO} \times (V\_O_2/V_m)/1000 \qquad (5\text{-}8)$$

$$L\_Slag\_W = Slag\_W + 2 \times Mr_{MnO} \times (V\_O_2/V_m)/1000 \qquad (5\text{-}9)$$

当钢液中 Fe 发生氧化反应生成 FeO 时，由吹入氧气的消耗量计算出反应后炉内炉渣 FeO 的增量以及炉渣的增量，其计算式如式（5-10）和式（5-11）所示：

$$L\_Slag\_FeO\_W = Slag\_FeO\_W + 2 \times Mr_{FeO} \times (V\_O_2/V_m)/1000 \qquad (5\text{-}10)$$

$$L\_Slag\_W = Slag\_W + 2 \times Mr_{FeO} \times (V\_O_2/V_m)/1000 \qquad (5\text{-}11)$$

由于最初冶炼时初始条件（即铁水包炉渣质量和成分）已知，通过基于选择性氧化反应的炉渣成分改变模型实现对炉内炉渣质量和成分的不断计算，由于每一阶段氧化前的炉渣质量和成分已经计算出，即炉渣中 SiO_2、MnO 和 FeO 的质量以及总渣量已知，通过式（5-6）~式（5-11）可计算出每个实时氧化周期氧化后炉渣中 SiO_2、MnO 和 FeO 的质量的变化，进行计算出实时的炉内炉渣各组分的质量以及总渣量。

5.3 模 型 开 发

针对炉内炉渣成分的影响三因素——加入辅料、炉内的氧化反应以及炉门流渣的溢出，分别对影响过程进行分析以及计算。对于实时加入辅料情况，通过工业实时控制系统 PLC 导入该模型数据库，以计算加入辅料对炉内炉渣成分影响，辅料加料主要考虑加入 CaO，其中可能会加入 MgO 等对电弧炉炉衬起保护作用的物质，本书主要考虑 Ca、Si 以及 Fe 对炉渣的影响，因此，在计算加入辅料对炉渣的影响时只考虑加入的 CaO 的影响；由于炉内的氧化反应致使炉内炉渣不断生成，通过判断出氧化元素，并实时计算炉内氧化后炉渣各组分成分和质量，即炉内发生氧化反应时，炉内炉渣分别增加了 SiO_2、FeO 和 MnO 的质量；以及通过图像处理的方法识别和计算出实时溢出的炉门流渣量，由于实时从炉门口溢出的炉门流渣的成分与实时氧化后炉渣成分一致，即可确定出炉内炉渣减少的 SiO_2、FeO 和 MnO 的质量。由于初始钢液条件以及初始炉渣情况已知，且不断地重新确定钢液反应条件以及炉内炉渣成分和质量情况，因此，实现了对炉内炉渣成分实时地预测。通过上述理论建立了电弧炉炼钢炉渣成分实时预报模型[18]，其理论结构如图 5-5 所示。同时，在运用该模型对实际冶炼过程中炉内炉渣实时预测时，考虑了冶炼过程中氧气利用率和能量损失等因素，并进行了冶炼过程中的物料平衡以及能量平衡的计算。

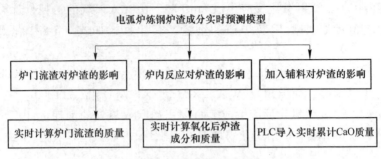

图 5-5　模型理论结构

通过对加入辅料、炉内的氧化反应以及炉门流渣从炉门口的溢出的实时研究，由电弧炉炼钢炉渣成分实时预报模型实时定量地计算出炉内炉渣各组分质量的增减，以实现对实时炉渣成分的预测。由于冶炼初始钢液和铁水包炉渣成分和质量已知，将加入辅料各组分及质量、氧化后炉渣各组分成分和质量的变化值，以及从炉门口溢出流渣各组分减少量三者，根据炉渣中各组分质量进行不断地计算，计算出实时炉渣总质量以及炉渣各组分的质量，以实现对炉内炉渣成分的实时预测，以下对模型实时计算过程做了 5 步描述：

（1）冶炼初始条件的计算。由于工业生产现场控制系统 PLC 与炉渣成分实时预测模型相连，根据其冶炼前的初始钢液成分和质量及初始炉渣成分和质量，能计算出冶炼初始各组分（CaO、SiO_2、Al_2O_3、MgO、MnO、FeO 和 Fe_2O_3）的质量 ${}^0M_{炉渣}^{MO}$；

（2）加入辅料对炉内炉渣影响的计算。通过 PLC 能够采集辅料成分、加入辅料的总质量 $\Delta M_{辅料}$ 以及各组分的质量 $\Delta M_{加料}^{MO}$。其中，$\Delta M_{加料}^{MO}$ 中的 MO 为 CaO、SiO_2、Al_2O_3、MgO、MnO、FeO 和 Fe_2O_3 等，因此，根据加入辅料的质量 $\Delta M_{辅料}$ 以及辅料的成分，计算得出加料对炉渣各成分的改变 $\Delta M_{加料}^{MO}$，其计算式如式（5-12）所示：

$$\Delta M_{加料}^{MO} = \Delta M_{辅料} \cdot m_{辅料}^{MO} \tag{5-12}$$

（3）炉内的氧化反应对炉内炉渣影响的计算。在炉内发生氧化反应的主要元素是钢液中 C、Si、Mn 和 Fe 元素，通过计算各元素反应吉布斯自由能，并根据吉布斯自由能数值判断各元素实时氧化顺序。实时氧化后炉渣质量的增量 $\Delta M_{反应}$ 为对应优先氧化的各元素氧化物的增量，因此，根据 PLC 实时采集的氧气消耗量，通过热力学化学方程式，定量地计算出氧化后炉渣质量的增量 $\Delta M_{反应}^{MO}$。由于冶炼初始炉渣各组分的质量已知，通过实时炉渣各组分的增量，能计算出炉内炉渣实时的成分和质量。

（4）炉门流渣从炉门口的溢出对炉内炉渣影响的计算。利用工业摄像机实时拍摄从炉门口溢出流渣，由炉内炉渣成分实时预测模型中的图像处理模型对溢出流渣视频图像进行实时分析和处理，以计算出实时溢出的炉门炉渣面积，并由数学建模的方法构建实时溢出炉门流渣面积与质量的关系，以计算出实时从炉门口溢出的炉门流渣的质量 $\Delta M_{流渣}$。由于实时的溢出的炉门流渣成分与当前炉内炉渣成分 $m_{渣}^{MO}$ 是相等的，因此，炉内炉渣各组分减少的质量 $\Delta M_{流渣}^{MO}$ 可由公式（5-13）计算得出：

$$\Delta M_{流渣}^{MO} = \Delta M_{流渣} \cdot m_{渣}^{MO} \tag{5-13}$$

式中，$m_{渣}^{MO}$ 为炉渣各组分的质量百分数。

（5）炉内炉渣成分和质量的综合计算。由于冶炼初始各组分以及质量已知，将实时加入辅料各组分（CaO、SiO_2、Al_2O_3、MgO、FeO、Fe_2O_3 等）的成分及质量 $\Delta M_{加料}^{MO}$、实时氧化反应后炉渣各组分（SiO_2、MnO 和 FeO）成分及质量变化量 $\Delta M_{反应}^{MO}$ 和实时从炉门口溢出流渣中各组分（CaO、SiO_2、Al_2O_3、MgO、MnO、FeO 和 Fe_2O_3）成分及质量变化量 $\Delta M_{流渣}^{MO}$，代入计算式（5-13）计算，可计算炉内炉渣各组分的质量，以及实时计算出炉渣中各组分的质量分数 $m_{炉渣}^{MO}$，其计算式如式（5-14）和式（5-15）所示，并将计算得到的新炉渣各成分质量 $M_{炉渣}^{MO}$ 作为初始炉渣各成分质量 $'M_{炉渣}^{MO}$，不断循环计算，直至炼钢工结束。

$$M_{炉渣}^{MO} = {'M_{炉渣}^{MO}} + \Delta M_{加料}^{MO} + \Delta M_{反应}^{MO} - \Delta M_{流渣}^{MO} \tag{5-14}$$

$$m_{炉渣}^{MO} = M_{炉渣}^{MO} / M_{炉渣} \tag{5-15}$$

式中，$'M_{炉渣}^{MO}$ 为原炉渣各成分质量；$M_{炉渣}^{MO}$ 为新的炉渣各成分质量。

该模型通过基于 EmguCv 视觉库，在 Visual Studio2010 平台上用 C#自主开发的对炉内炉渣成分实时预测的程序模型，使实时炉内炉渣各组分 MO（MO 表示 CaO、SiO_2、MnO、Al_2O_3、MgO、FeO 和 Fe_2O_3）的 $\Delta M_{加料}^{MO}$、$\Delta M_{反应}^{MO}$ 和 $\Delta M_{流渣}^{MO}$ 在程序中按照以上的步骤（1）~（5）不断地实时计算、更新并累加。由于冶炼开始铁水和废钢以及铁水包炉渣各组分的成分和质量已知，模型运行计算出实时周期内的钢液和炉渣的质量和成分的变化，又由于上一周期钢液和炉渣成分已知，因此，可以通过程序不断累计，计算出实时的炉内炉渣的成分和质量，其流程如图 5-6 所示。当有辅料加入时，由于加入辅料的总质量以及各组分（CaO）的质量百分数已知，炉内炉渣增加的质量即为组分 CaO 的质量；炉内实时发生的选择性氧化反应，炉内炉渣增加的质量即为生成的氧化物的质量；当炉内炉渣从炉门口溢出而形成炉门流渣时，由于此时溢出的炉门流渣的成分与炉内炉渣的成分是一致的，故由图像处理计算出实时溢出的总质量计算出溢出的炉门流渣中各组分的质量。

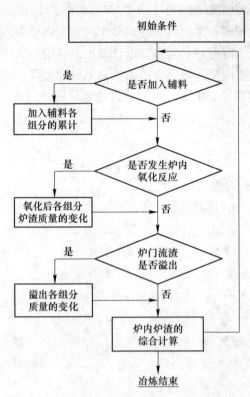

图 5-6　模型计算流程

5.4　模型功能介绍

基于图像处理的炉内炉渣成分实时预测模型的界面如图 5-7 和图 5-8 所示。在图 5-7 中，主要分为 3 个区域，分别是左上部分的钢液在整个熔池、剧烈反应区以及流动区的各元素质量和总质量，主页部分计算反应吉布斯自由能的中间过程量以及右边部分实时参数量或其他数据值。在图 5-8 中，主要是展现实时钢液剧烈反应区、流动区以及整个熔池的元素质量曲线变化和炉渣成分的变化。

基于图像处理的炉内炉渣成分实时预测模型，实时预测电弧炉炉内钢液和炉渣各组分成分和质量，其主要功能包括以下 3 点：

（1）计算电弧炉炉内铁元素氧化状况和钢液总量的变化，实现冶炼全过程钢液（Fe）氧化情况实时预测。

（2）计算电弧炉炉内炉渣质量的变化，实现冶炼全过程炉内炉渣总质量的实时预测。

（3）实时预测冶炼全过程炉内渣成分。

图 5-7　模型计算界面

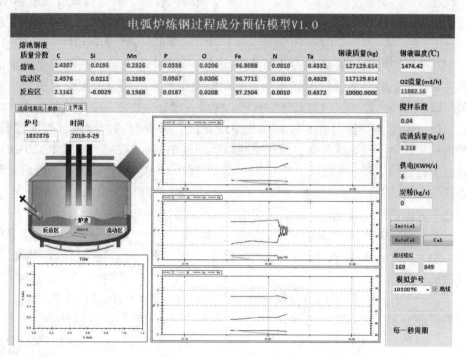

图 5-8　曲线显示界面

5.5 模型应用效果

在电弧炉炼钢过程中，基于影响炉内炉渣的成分和质量的影响因素——加入辅料、炉内的氧化反应以及炉门流渣的溢出构建了电弧炉炼钢炉渣成分实时预报模型。为了说明其在工业生产中的适用性，对炉内炉渣成分的实时预测模型做了系统的工业调整，以及预测结果与检测结果的验证。

在实际生产过程中，通过炼钢分部的 PLC 控制系统采集加入冶炼原料和辅料等，炉内氧气消耗量和耗电量等数据，并利用炉内炉渣成分实时预测模型中的图像处理模型对从炉门口溢出的炉门流渣的质量进行实时分析和计算。通过采集加入铁水、废钢、铁水包炉渣，以及加入辅料的成分和质量以及耗电量等，计算出实时的能量或实时温降和吹入氧气的利用率，并综合实时氧化反应对炉内炉渣的成分和质量的影响对电弧炉炉渣成分实时预测进行模拟。

在工业现场，对炉产量 100t 的大电弧炉实时溢流出的炉门流渣进行拍摄、图像处理以及实时计算溢出的炉门流渣的质量，并通过多次试验建立合理和准确的实时面积与质量的关系，以不断地修正基于图像处理的炉门流渣量实时预测模型，进而完善在该模型基础上构建的电弧炉炼钢炉渣成分实时预报模型。在工业试验过程中，采集了炉次前、中、后三个阶段炉渣样品，并进行成分化验检测。通过化验检测的炉渣成分与由炉内炉渣实时预测模型预测出的炉渣成分的多次实验和对比，结果验证电弧炉炼钢炉渣成分实时预报模型的正确性和适用性。

在电弧炉炼钢炉渣成分实时预测模型输出数据中，将数据或结果绘制成曲线，其包括了冶炼全过程钢液（Fe）氧化情况预测、冶炼全过程炉内渣总质量预测以及冶炼全过程炉内渣成分预测和炉内渣各成分质量分布变化等曲线：

（1）冶炼全过程钢液（Fe）氧化情况预测。随着电弧炉冶炼过程的进行，炉内钢液元素不断地被氧化，同时钢液以及钢液中 Fe 的质量不断减少，炉次中其质量的变化如图 5-9 所示，其中，Steel_W 以及 Steel_Fe 分别表示钢液质量和钢液中 Fe 的质量。通过分析发现，冶炼初期，Fe 被氧化为炉内炉渣中的 FeO，以达到脱出钢液中 P 元素，随着反应的不断进行，在冶炼中期阶段，由于 C 还原了 FeO，钢液中 Fe 的质量略微上升，在冶炼后期，Fe 质量进一步下降，这是因为 C 被氧化完，Fe 被氧化，故 Fe 的质量进一步下降，该 Fe 被氧化后期阶段需要避免。

（2）冶炼全过程炉内渣总质量预测。随着电弧炉炉内反应的不断进行，炉内炉渣成分和质量不断变化，由于模型计算出的溢出的炉门流渣以及反应渣实时已知，因此，炉内反应生成渣、炉内炉渣总量以及从炉门口溢出的炉门流渣质量如图 5-10 所示。

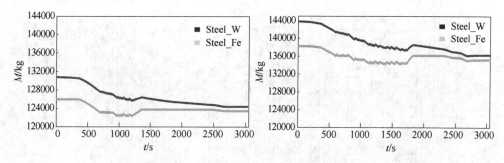

图 5-9　炉次钢液总量与 Fe 质量案例

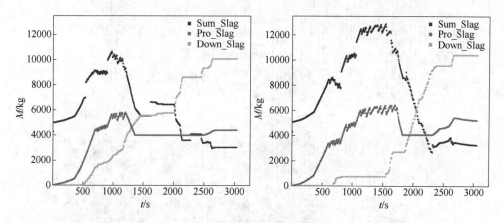

图 5-10　炉次相关渣量变化案例

图 5-10 中，Sum_Slag、Pro_Slag 以及 Down_Slag 分别表示炉内总渣量、炉内反应渣、炉内总渣量以及炉门流渣的溢出量，反应生成渣量先增大后减少；冶炼初期，炉内反应生成渣由于炉内剧烈的反应大量地生成，但是在中后期，炉内反应生成渣逐渐减少；炉门流渣的溢出量随着时间不断增加，在冶炼中期会出现溢出量不变的趋势。

（3）冶炼全过程炉内渣成分预测。在电弧炉炼钢过程中，炉内炉渣的成分不断变化，炉内炉渣的组分成分含量变化如图 5-11 所示，其中，Slag_CaO、Slag_FeO等分别表示其质量百分数，Slag_Ta 表示其他组分的质量百分数。由图可以看出，炉渣中 FeO 含量先增多后减少，最后再增多；炉渣中 CaO 的含量随着加入辅料而增多，并在加入一段时间内逐渐减少。

（4）炉内渣各组分质量变化预测。为了更加直观地展现在电弧炉炼钢过程中炉内渣各成分的变化，分别对 76、78 炉次绘制了其质量变化图，如图 5-12 所示，其中，Slag_CaO、Slag_FeO 等分别表示其质量，Slag_Ta 表示其他组分的质量。

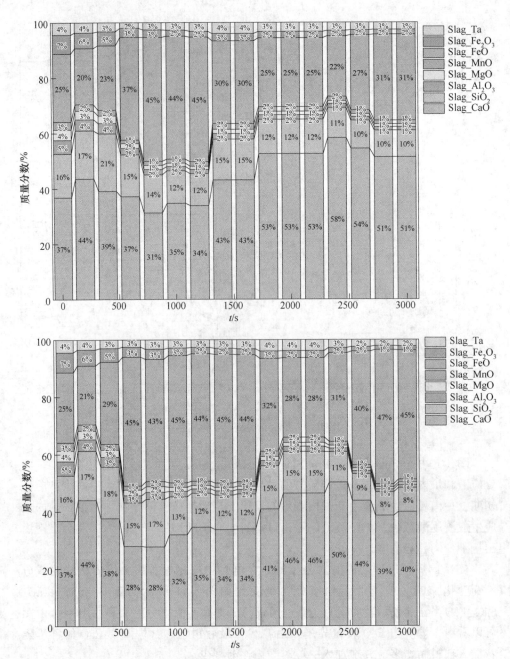

图 5-11 炉次炉渣成分含量变化案例

模型相比较人工肉眼直接观察炉内炉渣情况以添加渣，其预测结果更为科学以及准确，同时，电弧炉炼钢过程一般处于高温环境中，模型能够实现实时地在

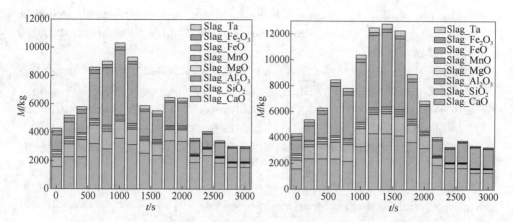

图 5-12　炉次炉渣各成分质量变化案例

线预测，为脱磷工艺的辅料加料操作与防治冶炼后期铁的过氧化提供理论依据与模型指导，以及为电弧炉炼钢全过程实现智能化控制提供了模型基础。

对上述的前期、中期以及后期某时刻取样进行检测，检测炉渣成分与模型预测实时炉渣成分有些偏差，这是由于模型是建立在一些假设条件的基础上的，如初始条件采集时，PLC 控制系统采集的数据是准确以及实时更新与模型同步的；在冶炼时，氧气利用率和热损失如模型计算的平均固定，以及钢液和炉渣成分搅拌分布均匀；在对溢出的炉门流渣进行图像处理时，模型计算准确以及最后任意取样检测炉渣成分准确等问题，也给模型实时预测炉渣成分带来了偏差。

为了进一步优化模型，提高实时预测炉渣成分准确度，主要有两大方向的建议：一是利用流体力学的相关知识，对电弧炉炉内的钢液与炉渣传质传热进行深入研究，以实现对电弧炉炉内钢液元素氧化以及物质交换更准确地计算，从而提高实时计算氧化生成炉渣的成分和质量的准确度；二是对电弧炉炼钢炉渣成分实时预测模型的相关数据计算进行大数据训练，并采用结合算法以使得模型更加智能和精确。

参 考 文 献

［1］朱荣，魏光升，唐天平．电弧炉炼钢流程洁净化冶炼技术［J］．炼钢，2018，34（1）：10.

［2］宋文林．电弧炉炼钢［M］．北京：冶金工业出版社，1996.

［3］Cavaliere P. Electric Arc Furnace：Most efficient technologies for greenhouse emissions abatement ［D］. Lecce：University of Salento，2019.

［4］杨凌志．EAF-LF 炼钢工序终点成分控制研究［D］．北京：北京科技大学，2015.

［5］Bird S C，Drizo A. EAF steel slag filters for phosphorus removal from milk parlor effluent：the effects of solids loading，alternate feeding regimes and in-series design ［J］. Water，2010，2 （3）：484.

[6] Dehkordi B, Moallem M, Parsapour A. Predicting foaming slag quality in electric arc furnace using power quality indices and fuzzy method [J]. IEEE Trans Instrum Meas, 2011, 60 (12): 3845.

[7] 郭家林. LF 炉渣返回应用的基础研究 [D]. 西安: 西安建筑科技大学, 2009.

[8] Yang L Z, Guo Y F, Chen F, et al. Alloy yield prediction model based on the data analysis in EAF steelmaking process [C] //8th International Symposium on High-Temperature Metallurgical Processing. San Diego: Springer International Publishing, 2017: 79.

[9] 杨凌志, 朱荣. 电弧炉炼钢成分控制模型研究现状与展望 [J]. 工业加热, 2016, 45 (1): 26.

[10] Sadeghian A, Lavers J D. Dynamic reconstruction of nonlinear v-i characteristic in electric arc furnaces using adaptive neuro-fuzzy rule-based networks [J]. Appl Soft Comput, 2011, 11 (1): 1448.

[11] 王力军, 张鉴, 牛四通, 等. 电弧炉炼钢中的脱磷泡沫渣 [J]. 化工冶金, 1994, 15 (4): 355.

[12] 李建生, 刘宏伟, 么洪勇, 等. 转炉冶炼 SPHD 钢生产实践 [C] //第五届宝钢学术年会论文集. 上海: 中国金属学会, 2013: 1.

[13] 范佳, 王彦杰, 李建文, 等. 基于少渣冶炼工艺下的转炉冶炼过程炉渣成分预报模型的开发 [C] //第十八届 (2014 年) 全国炼钢学术会议论文集. 西安, 2014: 1.

[14] 余嵘华, 陈兴龙, 倪志波, 等. LIBS 谱线自动寻峰在炉渣成分在线分析中的应用 [J]. 合肥工业大学学报 (自然科学版), 2014 (12): 1474.

[15] 陈兴龙, 董凤忠, 王静鸽, 等. PLS 算法在激光诱导击穿光谱分析炉渣成分中的应用 [J]. 光子学报, 2014, 43 (9): 120.

[16] 王柏惠, 杨凌志, 郭宇峰, 等. 电弧炉炼钢成分预报现状与熔池搅拌对其影响 [J]. 中国冶金, 2017, 27 (12): 1.

[17] Xie X, Yang L Z, Guo Y F, et al. Research on real-time prediction of quality of the slag overflowing from furnace door based on image processing [J]. Journal of Physics: Conference Series 2019, 1288 (1): 423-431.

[18] 杨凌志, 薛波涛, 宋景凌, 等. 电弧炉炼钢炉渣成分实时预报模型 [J]. 工程科学学报, 2020, 42 (S1): 39-46.

6 合金加料优化模型

6.1 背景与工艺介绍

由于特殊钢冶炼的必要性，无论对于电弧炉还是精炼炉，在冶炼过程中都要添加多种合金，及时调整钢液成分，以达到最终出钢成分要求[1,2]。现如今，现场实际合金加入仅依靠工艺参数卡，未充分考虑合金元素组成、合金价格以及炉内物理化学反应过程。造成冶炼终点各元素成分难以准确把控。为了保证出钢各成分稳定的冶炼要求，实际冶炼过程需分批次配入合金，导致终点各成分不稳定，增加了合金消耗与现场工作量。

目前钢铁厂合金加料流程操作并未充分考虑合金成分、合金价格的影响，无法准确量化加入炉内的合金种类，在一定程度上，将直接影响最终出钢各成分要求及成本最低化要求。因此，需要从物料平衡的角度分析某种合金元素在钢水中是否发生氧化反应，分析合金元素变化反应关系，合金元素氧化量、氧化产物、耗氧量，得到相关变化系数，为模型修正提供改善条件，针对脱氧工艺合理添加合金元素，使得合金元素收得率最大化。

合金成分波动大，造成了合金料的浪费或增加了合金料的补加操作，不利于合金加料成本的稳定。合金成分控制主要是通过优化合金加料来实现的，影响合金料使用量的最重要因素就是合金元素收得率，然而生产过程中，收得率是企业人员根据一段较长时间内的合金加料记录统计得出的，且不区分钢种，因此与炉次实际的收得率存在差距，不具备实时性。

某炼钢厂现有 1 台 90t 电弧炉、1 台双工位 LF 精炼炉，在电弧炉工位往钢包内添加脱氧剂与大部分合金料，在 LF 炉工位根据座包成分，多次补配合金料，直至达到钢种成分要求，如图 6-1 所示。

本章针对炼钢厂的实际工艺情况，从模型构建理论、模型开发、功能介绍以及应用效果等方面介绍合金加料优化模型案例。

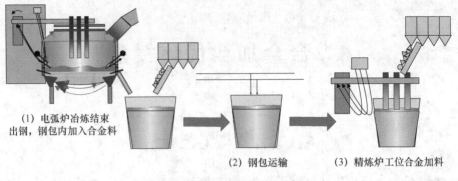

(1) 电弧炉冶炼结束
出钢，钢包内加入合金料

(2) 钢包运输

(3) 精炼炉工位合金加料

图 6-1　合金加料工艺示意图

6.2　模型构建理论

合金加料优化模型通过建立合金元素收得率动态库，并采用线性规划中的两阶段的单纯形算法对合金加料工艺进行优化，建立合金加料优化模型，指导现场合理、高效、低成本地进行合金加料。

6.2.1　合金元素收得率动态库

在合金优化模型中，元素收得率对合金投料量的计算具有至关重要的作用。准确判断和控制元素收得率[3,4]，是提高钢液成分控制的关键。同时，对于不同的精炼炉、不同钢种以及不同电弧炉出钢条件，收得率都是不同的，而在快节奏的生产过程中，无法依靠人工进行每炉次收得率的核算与修正。因此，为了获得准确实时的合金元素收得率，本章将通过历史加料数据自学习的方法，利用计算机技术建立起合金元素收得率动态库，从而提高合金加料量的准确度。

6.2.1.1　合金元素收得率计算

在冶炼钢种 X 的炉次精炼过程完成后，系统根据这一炉次的合金加料数据分别计算得出钢种 X 合金元素 A_1、A_2，…，A_m 实际加入总量，根据炉次合金加入前后钢液成分与钢液总量，分别计算得出钢种 X 合金元素，A_1、A_2，…，A_m 进入钢液的总量，由此计算出钢种 X 的合金元素 A_1、A_2，…，A_m 的收得率，如式（6-1）所示。接下来对合金元素 A_1、A_2，…，A_m 的收得率与动态库中数据进行判断[2]。

$$Y_{A_n} = \frac{\sum_{i=1}^{n}(M_i \times C_{iA_n}/100)}{M_{st}(C_{stA_n} - C'_{stA_n})/100} \times 100\% \tag{6-1}$$

式中，Y_{A_n} 为计算得出的钢种 X 的合金元素收得率，%；M_i 为第 i 种合金料加入量，kg；C_{iA_n} 为第 i 种合金料中合金元素 A_n 的百分含量，%；M_{st} 为钢液质量，kg；C_{stA_n}

为合金加料后钢液中元素 A_n 的含量,%; C'_{stA_n} 为合金加料前钢液中元素 A_n 的含量,%。

6.2.1.2 收得率动态库自学习修正

若收得率动态库中不存在钢种 X 合金元素 A_n ($n=1$, 2, $\cdots$, m) 收得率,则将系统额定的不分钢种的合金元素 A_n 收得率存入动态库中,实现钢种 X 合金元素 A_n 收得率的初始化。

若收得率动态库中存在钢种 X 合金元素 A_n ($n=1$, 2, $\cdots$, m) 收得率,且该钢种计算得出的收得率与动态库中的收得率比较,绝对差值大于 M (M 表示模型允许的收得率波动值,一般根据不同合金元素取 $M=0.05\sim0.30$),则表示该收得率值计算存在错误,不在该收得率的理论范围之内,系统舍去该值,不更新动态库。

若收得率动态库中存在钢种 X 合金元素 A_n ($n=1$, 2, $\cdots$, m) 收得率,且该钢种计算得出的收得率与动态库中的收得率比较,绝对差值小于 M,通过式 (6-2) 修正动态库中的钢种 X 合金元素 A_n 收得率。

$$Y^{new}_{A_n} = Y'_{A_n} + k(Y_{A_n} - Y'_{A_n}) \tag{6-2}$$

式中,$Y^{new}_{A_n}$ 为修正后的动态库合金元素 A_n 收得率,%; Y'_{A_n} 为修正前的动态库合金元素 A_n 收得率,%; k 为修正系数,取 $0.1\sim0.3$。

合金元素收得率动态库建立与算法流程如图 6-2 所示。

在冶炼过程中,首先从合金元素收得率动态库中查询当前钢种的合金元素收得率 $Y^{new}_{A_n}$,由于当前钢种不同的氧含量对收得率影响较大,因此需要对动态库中的收得率进行结合实际钢液氧含量的实时修正,得出计算使用的收得率 $Y^{use}_{A_n}$:

$$Y^{use}_{A_n} = Y^{new}_{A_n} + f(O) \tag{6-3}$$

式中,$f(O)$ 为关于钢液中氧含量对收得率影响的修正函数。

6.2.2 优化模型原理

合金料成本是炼钢生产成本的重要组成部分,优化合金料的添加组合和重量,可以有效地降低吨钢生产成本,并能将钢液成分控制在一个较窄的范围内,使产品性能保持在比较稳定的水平。合金料优化模型的目标是在满足成分要求的前提下投料成本最低,按照炉次冶炼钢种的技术指标及企业的规定要求进行合金添加。本章的合金料优化模型按照线性规划的方法建立,由决策变量、目标函数和约束条件构成。

虽然合金价格会随着市场的变化而产生波动,但是在对具体炉次进行合金加料优化时,合金价格为定值,因此,确定决策变量为每种合金的使用量。在对某钢种 X 的钢液成分进行调整时,通常需要加入多种合金料,设共有 r 种合金料被用于调整钢液 m 个元素成分指标。那么,每种合金料的投料量 x_1, x_2, $\cdots$, x_r 为

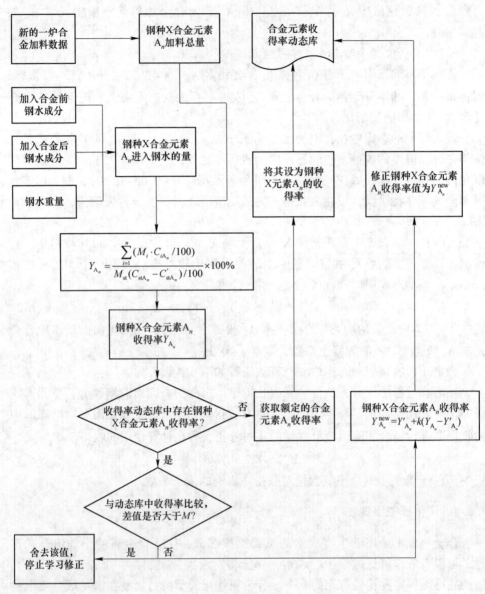

图 6-2   合金元素收得率动态库建立流程

决策变量。其中，每种合金料的使用量需要满足非负的条件，即：

$$X_i \geqslant 0, \quad i = 0, 1, 2, \cdots \tag{6-4}$$

目标函数是以满足合金成本最低为原则，总成本最低为目标函数：

$$\min(Z) = P_1 M_1 + P_2 M_2 + \cdots + P_r M_r = \sum_{i=1}^{r} P_i M_i \tag{6-5}$$

式中，Z 为合金投料总成本，元；P_i 为第 i 种合金料的单价，元/kg；M_i 为第 i 种合金料的投料量，kg。

约束条件包括钢种成分约束、合金最大用量等，从而计算出最佳的合金加料方案。

钢种成分约束是指每种合金料都含有多个元素成分，所有合金料添加进钢液后，必须确保钢液的化学成分满足钢种的元素成分要求。实际生产中，通常钢种要求元素的成分控制在一定的上下限范围内。模型根据操作人员的需要选择钢种国标的下限值（或目标值）或者内控标准的下限值（或目标值）作为成分约束条件中的钢种成分约束：

$$E_{j\min} \leqslant \frac{\sum_{i=1}^{r} C_{iA_jX_i}Y_{A_j} + M_{st}C'_{stA_j}}{\sum_{i=1}^{r} x_i Y_{A_j} + M_{st}} \leqslant E_{j\max}, \ j = 1, \ 2, \ \cdots, \ m \tag{6-6}$$

式中，r 为可用合金料总数；m 为控制元素的总数；$E_{j\min}$ 为钢液中第 j 种元素的成分控制目标下限，%；$E_{j\max}$ 为钢液中第 j 种元素的成分控制目标上限，%；Y_{A_j} 为动态库中指定钢种 X 合金元素 A_j 的收得率，%。

合金最大用量是指在生产实际中，对合金料通常有最大用量限制：

$$M_i \leqslant G_i \tag{6-7}$$

式中，G_i 为第 i 种合金料的最大许用量，t。

综合式（6-4）~式（6-7）就构成了合金优化模型，通过对适当的数学处理，将其转化为线形规划问题，同时，本章采用线性规划中的单纯形方法求解。

由于合金优化模型对成分的控制包括"≤""≥""="等多种情况，一般单纯形法仅能够对约束条件为"≤"并且向量全部非负的线性规划问题进行求解。根据这一情况，合金优化模型的求解采用两阶段单纯形算法（两阶段单纯形算法可以对"≤""≥""="以及混合约束的线性规划模型求解）[5~7]。

在求解线性规划问题时，两阶段单纯形法具体求解过程如下：

（1）第 1 阶段，通过引入人工变量，构造一个辅助目标函数，使所有人工变量之和最小。新的目标函数和原问题的约束条件构成新的线性规划问题，用普通单纯形法进行求解。如果最终结果大于 0，原问题无可行解，结束计算；如果求解结果为 0，则说明人工变量均为 0，原问题的约束方程组已变换为含有标准基的同解方程组，原问题能够得到一个基本可行解。

（2）第 2 阶段，将第 1 阶段求得的最优解作为计算的初始基本可行解，与此同时，把第一阶段的目标函数变成原目标函数，利用普通单纯形法求解出原问题的最优解。

两阶段单纯形方法求解线性规划问题时，算法流程如图 6-3 所示。

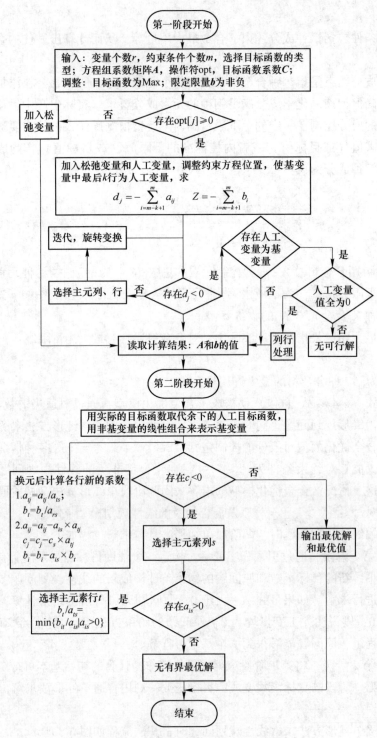

图 6-3 两阶段单纯形算法求解流程

图 6-3 中，a_{ij} 为单纯形算法矩阵 **A** 第 i 行、第 j 列的值；b_i 为第 i 行限量值 b 的值；c_i 为目标函数系数 C 的编号为 i 的系数；t 为单纯形算法计算中的主元在矩阵 **A** 中行的编号；s 为单纯形算法计算中的主元在矩阵 **A** 中列的编号。

当炉次冶炼开始时，合金优化模型启动，根据炉次的冶炼钢种从后台数据库中读取钢种的成分标准、合金料的成分和价格等基础数据。与此同时，当化验室接收到当前炉次的钢样进行成分分析，并及时将成分结果传输到模型内，模型开始进行运算，计算得出最优解。

6.3 模型开发

合金加料模型分为两大系统，分别为电弧炉合金加料系统与精炼炉合金加料系统。电弧炉合金加料系统流程图如图 6-4 所示。当电弧炉合金加料系统启动时，系统通过读取冶炼钢种、重量等要求，并从本地服务器中获取钢种成分信息。通过模型计算将参与计算的合金重量数据实时下发至一级综合控制系统来实现电弧炉炉后合金一键加料操作。精炼炉合金加料系统流程如图 6-5 所示。当精炼炉合金加料系统启动时，系统通过读取冶炼钢种、重量等要求，并从本地服务器中获取钢种成分信息。通过模型计算将参与计算的合金重量数据实时下发至一级综合控制系统，对第一次加料完成后实时检测的钢液成分进行比较，若仍未满

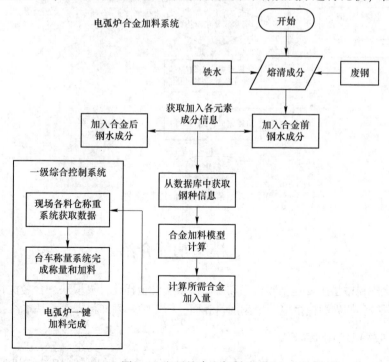

图 6-4 电弧炉合金加料流程

足出钢要求，即将此时的钢液成分与目标成分进行二次计算，同时，将二次的合金重量数据实时下发至一级综合控制系统来实现一键加料。

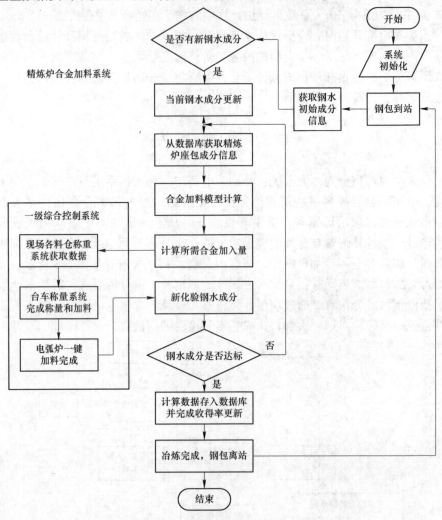

图 6-5　精炼炉合金加料流程

6.4　模型功能介绍

合金配料模型主要包括收得率动态库模块、合金优化计算模块、合金优化效果分析模块；主要的界面包括电炉一键加料界面、精炼炉一键加料界面、基本参数界面。

6.4.1　收得率动态库模块

收得率动态库模块是通过历史加料数据自学习的方法，利用计算机技术建立起合金元素收得率动态库，从而来提高合金加料量的准确度[1,2]。模块界面如图6-6所示。

图 6-6 合金元素收得率动态库界面

6.4.2 合金优化计算模块

合金优化模块按照线性规划的方法建立，由决策变量、目标函数和约束条件构成。决策变量是每种合金料的投料量，目标函数是合金投料成本最低，约束条件包括合金料的成分、许用量、冶炼技术规范等，计算结果给出最佳的合金投料方案。模块界面如图6-7所示。

6.4.3 合金优化效果分析模块

合金优化效果分析模块包括合金加料对比数据分析与合金加料汇总分析。合金加料对比数据分析主要是对冶炼完成的炉次的合金用量与成本的实际值与优化值进行直观的对比，找出实际加料中的合金使用量与合金配加方式的不足，为之后的冶炼过程中合金优化提供重要的参考。模块界面如图6-8所示。

6.4.4 电弧炉一键加料界面

电弧炉一键加料界面为现场操作人员提供指导电弧炉炉后合金加料操作状况的可视化界面，全面展示电弧炉合金加料操作过程各种静态、动态、理论计算结果数据，实现电弧炉炉后的一键合金加料操作。

电弧炉加料界面包括基本信息、合金加料信息、加料操作控制信息，界面如图6-9所示。

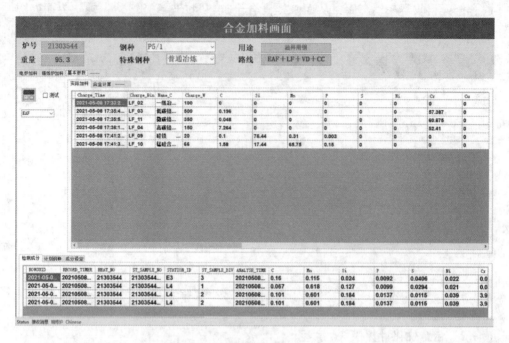

图 6-7 合金优化计算模块界面

S	Name	Name_C	Price	EAF用量	EAF成本	LF用量	LF成本	EAF理论用量	LF理论用量	LF2理论用量	EAF理论成本	LF理论成本	LF2理论成本
	FeCr55C0.5 ...	低碳铬铁 ...	15.929					0	0	0	0	0	0
☑	FeCr55C10	高碳铬铁	10.31					0	0	0	0	0	0
	FeMn78C8	高碳锰铁	9.735					628	669	669	6114	6513	6513
	FeMn78C0.4	低碳锰铁	19.469					0	0	0	0	0	0
☑	FeSi75	硅铁	9.956					0	0	0	0	0	0
	FeMn68Si	锰硅合金	9.292					1156	1272	1272	10742	11819	11819
	FeCr55C0.06	微碳铬铁	16.814					0	0	0	0	0	0
☑	FeV50-B	钒铁:FeV50-B ...	115.9...					0	0	0	0	0	0
☑	FeTi30-B	钛铁FeTi30-B ...	9.734...					0	0	0	0	0	0
☑	FeMo60-C	钼铁:FeMo60- ...	117.6...					0	0	0	0	0	0
☑	FeNb60	铌铁:FeNb60- ...	164.6...					0	0	0	0	0	0
☑	FeB18C	硼铁:FeB18C0...	163.7...					2	2	2	327	327	327

Charge_Time	Charge_Bi	Name_C	Charge_W	C	Si	Mn	P	S	Ni	Cr	Cu
2022-10-13 14:14:3...	LF_05	烧结型...	101	0	0	0	0	0	0	0	0
2022-10-13 14:14:5...	LF_01	一级冶...	101	0	0	0	0	0	0	0	0
2022-10-13 14:17:3...	LF_09	硅铁 ...	51	0.1	76.44	0.31	0.003	0	0	0	0
2022-10-13 14:38:4...	LF_07	高碳锰...	91	5.657	0.815	75.936	0.167	0	0	0	0

图 6-8 炉次合金使用实际值与优化值对比分析界面

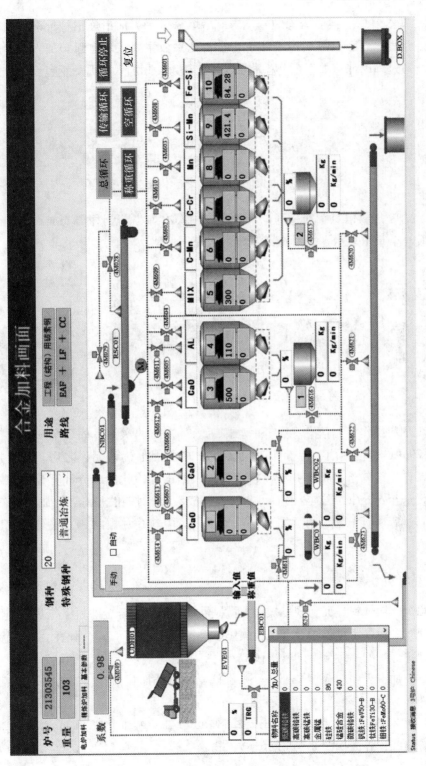

图6-9　电弧炉—键加料界面

（1）基本信息。当前冶炼炉号、当前冶炼重量、当前冶炼钢种、钢种用途以及冶炼路线，界面如图6-10所示。合金占比系数主要表示电弧炉加入合金总量占比，通过理论计算加入合金总量乘以系数则为实际加入电弧炉钢包合金重量信息。

图6-10 电弧炉一键加料（基本信息）

（2）合金加料信息。通过理论计算出该炉次冶炼当前钢种需要加入的合金种类以及合金重量显示在如图6-11所示的界面上。

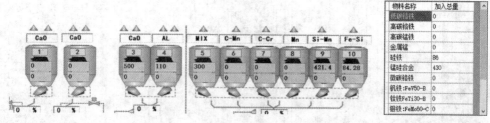

图6-11 电弧炉一键加料（合金加料信息）

（3）加料操作控制信息。点击手动按钮，将当前炉次计算的合金加料数据发送至WinCC操作界面，待操作工人在WinCC界面上确认无误之后，可直接进行下料操作。勾选自动选择框，模型自动根据钢水检化验成分计算合金加入料，并发送至WinCC操作界面。可直接点击模型操作按钮进行合金加料操作，控制加料过程，计算出合金重量信息自动填入对应料仓，控制PLC设备完成加料操作。

6.4.5 精炼炉一键加料界面

精炼炉一键加料界面为现场操作人员提供指导精炼炉合金加料操作状况的可视化界面，全面展示精炼炉合金加料操作过程各种静态、动态、理论计算结果数据，实现精炼炉的一键合金加料操作。

精炼炉加料界面包含3个部分：基本信息、合金加料信息、加料操作信息，界面如图6-12所示。

（1）基本信息。当前冶炼炉号、当前冶炼重量、当前冶炼钢种、钢种用途以及冶炼路线，界面如图6-13所示。

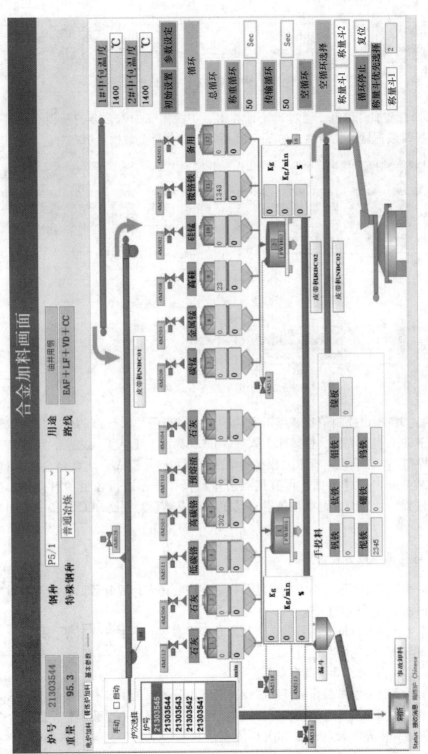

图 6-12 精炼炉—键加料界面

炉号	21303544	钢种	P5/1	用途	油井用钢
重量	95.3	特殊钢种	普通冶炼	路线	EAF＋LF＋VD＋CC

图 6-13　精炼炉一键加料（基本信息）

（2）合金加料信息。通过理论计算出该炉次需要加入合金的种类和重量信息，手投料数据显示在下侧，如图 6-14 所示。部分合金数据显示在对应料仓中。

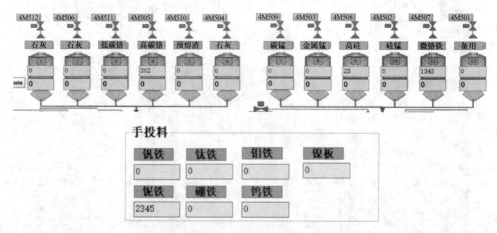

图 6-14　精炼炉一键加料（合金加料信息）

（3）加料操作控制信息。点击手动按钮，将当前炉次计算的合金加料数据发送至 WinCC 操作界面，待操作工人在 WinCC 界面上确认无误之后，可直接进行下料操作。勾选自动选择框，模型自动根据钢水检化验成分计算合金加入料，并发送至 WinCC 操作界面。可直接点击模型操作按钮进行合金加料操作，控制加料过程，计算出合金重量信息自动填入对应料仓，控制 PLC 设备完成加料操作。

6.4.6　收得率与成分查询界面

收得率与成分查询界面为技术人员提供查询收得率与成分数据，调整收得率与目标钢种等模型相关参数。

收得率与成分查询界面包括合金元素收得率参数、钢水成分数据、目标钢种成分查询与成分设定。

6.4.6.1　合金元素收得率参数

合金元素收得率参数显示了对应钢种元素成分的收得率与不同冶炼工序的元素收得率，技术人员可以根据实际情况进行合金元素收得率参数调整，优化合金配料计算结果，界面如图 6-15 和图 6-16 所示。

钢种收得率	收得率		
ID	SG_SIGN	Yield_ID	Element
10Mn2Nb/1...	10Mn2Nb/1...	01	C
10Mn2Nb/1...	10Mn2Nb/1...	02	Si
10Mn2Nb/1...	10Mn2Nb/1...	03	Mn
10Mn2Nb/1...	10Mn2Nb/1...	04	P
10Mn2Nb/1...	10Mn2Nb/1...	05	S
10Mn2Nb/1...	10Mn2Nb/1...	06	Ni
10Mn2Nb/1...	10Mn2Nb/1...	07	Cr
10Mn2Nb/1...	10Mn2Nb/1...	09	Mo
10Mn2Nb/1...	10Mn2Nb/1...	10	V
10Mn2Nb/1...	10Mn2Nb/1...	11	Ti
10Mn2Nb/1...	10Mn2Nb/1...	12	Al
10Mn2Nb/1...	10Mn2Nb/1...	13	Nb
10Mn2Nb/1...	10Mn2Nb/1...	18	B

图 6-15 钢种收得率

钢种收得率	收得率		
ID	Element	Yield	Yield_LF
01	C	80	80
02	Si	90	90
03	Mn	95	95
04	P	80	80
05	S	85	85
06	Ni	100	100
07	Cr	92	92
09	Mo	93	93
10	V	100	100
11	Ti	71	71
12	Al	50	50
13	Nb	100	100
18	B	60	60

图 6-16 元素收得率

6.4.6.2 钢水成分数据

钢水成分数据中包括当前冶炼炉次在电弧炉、精炼炉的检化验成分信息、分析时间、元素成分等信息，如图 6-17 所示。

ROWGUID	RECORD_TIMER	HEAT_NO	ST_SAMPLE_NO	STATION_ID	ST_SAMPLE_DIV	ANALYSE_TIME	C	Mn	Si	P	S	Ni	Cr
2021-05-0...	20210508...	21303544	21303544...	E3	3	20210508...	0.16	0.115	0.024	0.0092	0.0406	0.022	0.0
2021-05-0...	20210508...	21303544	21303544...	L4	1	20210508...	0.067	0.618	0.127	0.0099	0.0294	0.021	0.0
2021-05-0...	20210508...	21303544	21303544...	L4	2	20210508...	0.101	0.601	0.184	0.0137	0.0115	0.039	3.9
2021-05-0...	20210508...	21303544	21303544...	L4	2	20210508...	0.101	0.601	0.184	0.0137	0.0115	0.039	3.9

图 6-17 钢水成分数据

6.4.6.3 目标钢种成分查询与成分设定

目标钢种成分查询与成分设定显示当前炉次冶炼钢种的目标成分，包括元素成分的目标成分上下限、控制上下限以及成分设定，如图 6-18 和图 6-19 所示。

ROWGUID	ACTION_CODE	FACTORY_DIV	ST_NO	SG_SIGN	WHOLE_BACKLOG	SEQ_NO	ELM_CODE	ELM_NAME	ELM_POS	ELM_UNIT1	MAIN_MIN	MAIN_MAX	
C5120000...	1		C5120000	P5/1	L	10	052	Cr	8		4.90000	5.40000	4
C5120000...	1		C5120000	P5/1	L	14	075	As	11		0.00000	0.02500	0
C5120000...	1		C5120000	P5/1	L	11	055	Mn	3		60.00000	0.80000	0
C5120000...	1		C5120000	P5/1	L	15	096	Mo	9		0.25000	0.30000	0
C5120000...	1		C5120000	P5/1	L	21	A20	As+Sn+Pb+...	16		0.00000	0.05000	0

图 6-18 目标钢种成分查询

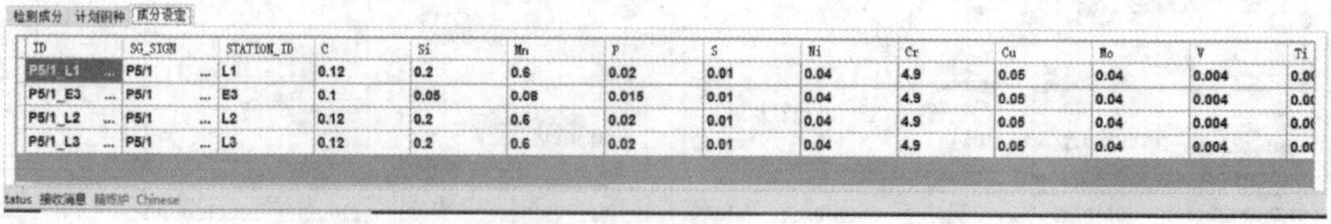

图 6-19　成分设定

6.4.7　收得率查询界面

收得率查询界面为技术人员提供查询收得率相关的数据，方便对实际生产过程中收得率进行分析。

收得率查询界面包括合金元素收得率查询、历史炉次收得率查询、钢种收得率查询。

6.4.7.1　合金元素收得率查询

合金元素收得率查询提供了分工序的合金元素收得率查询，界面如图 6-20 所示。

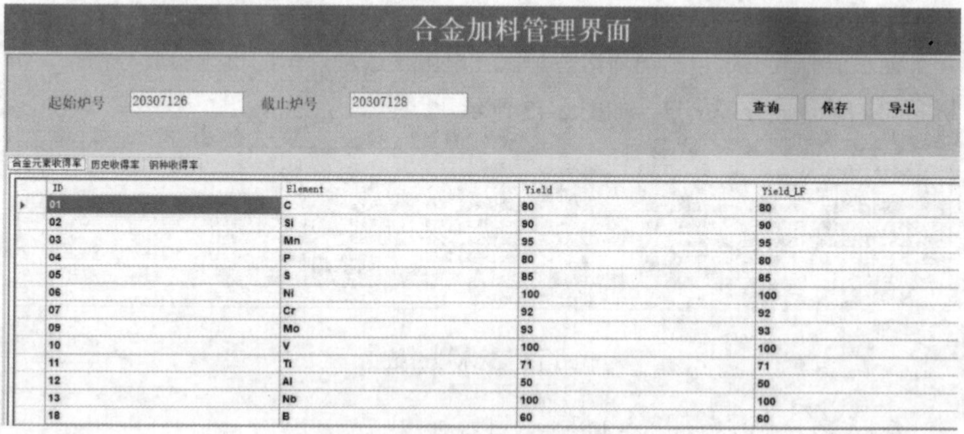

图 6-20　合金元素收得率查询

6.4.7.2　历史炉次收得率查询

历史炉次收得率查询提供了以炉次为单位对历史生产数据（钢种收得率、工序收得率）进行综合查询的功能，界面如图 6-21 所示。

6.4.7.3　钢种收得率查询

钢种收得率数据表是钢液成分进行微调的关键，合金配料基础。合金加料的准确与否直接影响着成品钢的性能，加料的准确对成品钢的质量显得尤为重要。钢种收得率动态库根据模型自学习修正的方法，进行长时间的维护、管理，为合金计算准确性提供保障，界面如图 6-22 所示。

合金加料管理界面

起始炉号 20307126　　截止炉号 20307128　　　　　　查询　保存　导出

合金元素收得率 | 历史收得率 | 钢种收得率

ID	Heat_ID	钢种	Yield_ID	Element	Yield	Yield_LF	Yield_EAF
20307126-00	20307126	10Mn2Nb/1	01	C	150.52631578947359	1092.2988505747126	76.28
20307126-01	20307126	10Mn2Nb/1	02	Si	146.88965661641541	256.48235294117649	136.184785106872
20307126-02	20307126	10Mn2Nb/1	03	Mn	87.744850309642985	124.3066984019041	79.178659486243944
20307126-03	20307126	10Mn2Nb/1	04	P	2143.6578171091451	1524.5454545454566	2441.0480349344975
20307126-04	20307126	10Mn2Nb/1	05	S	85	85	85
20307126-05	20307126	10Mn2Nb/1	06	Ni	100	100	100
20307126-06	20307126	10Mn2Nb/1	07	Cr	168.41666666666669	164.83333333333334	92
20307126-07	20307126	10Mn2Nb/1	09	Mo	93	93	93
20307126-08	20307126	10Mn2Nb/1	10	V	100	100	100
20307126-09	20307126	10Mn2Nb/1	11	Ti	71	71	71
20307126-10	20307126	10Mn2Nb/1	12	Al	50	50	50
20307126-11	20307126	10Mn2Nb/1	13	Nb	100	100	100
20307126-12	20307126	10Mn2Nb/1	18	B	60	60	60

图 6-21　历史炉次收得率查询

合金加料管理界面

起始炉号 20307126　　截止炉号 20307128　　　　　　查询　保存　导出

合金元素收得率　历史收得率 | 钢种收得率

ID	钢种	Yield_ID	Element	Yield	Yield_LF	Yield_EAF
09Mn-01	09Mn	01	C	80	80	80
09Mn-02	09Mn	02	Si	90	90	93.99
09Mn-03	09Mn	03	Mn	94.78	95.24	92.03
09Mn-04	09Mn	04	P	80	80	82.9
09Mn-05	09Mn	05	S	85	85	85
09Mn-06	09Mn	06	Ni	100	100	100
09Mn-07	09Mn	07	Cr	92	92	92
09Mn-09	09Mn	09	Mo	93	93	93
09Mn-10	09Mn	10	V	100	100	100
09Mn-11	09Mn	11	Ti	71	71	71
09Mn-12	09Mn	12	Al	50	50	50
09Mn-13	09Mn	13	Nb	100	100	100
09Mn-18	09Mn	18	B	60	60	60
09MnNb-01	09MnNb	01	C	80	80	80
09MnNb-02	09MnNb	02	Si	92.2	90.71	98.98
09MnNb-03	09MnNb	03	Mn	93.83	96.03	81.76
09MnNb-04	09MnNb	04	P	78.25	80	76.79
09MnNb-05	09MnNb	05	S	85	85	85
09MnNb-06	09MnNb	06	Ni	100	100	100
09MnNb-07	09MnNb	07	Cr	92	92	92
09MnNb-09	09MnNb	09	Mo	93	93	93
09MnNb-10	09MnNb	10	V	100	100	100

图 6-22　钢种收得率查询

6.5　模型应用效果

　　模型系统在现场运行期间，统计每炉次加料，并运用计算机技术与自学的方法获取准确的合金收得率。合金元素收得率动态库中的原始收得率与部分钢种收得率见表6-1。从表中可以看出，当冶炼不同钢种时，各元素收得率并不是固定不变的，所以在冶炼不同钢种时，元素收得率应该相应变化，通过现场长时间运行，使元素收得率趋于稳定值，为后续提高合金配入精度提供了有利的依据。因此，建立一个合金收得率动态库，对提高计算不同钢种的合金配比准确度具有重要的意义。

表 6-1 不同钢种的合金元素收得率

项目	原始值	09Mn	10Mn2Nb/1	12Mn	20G	27CrMo	45	SA106C
C	80	80.16	82.62	80.00	80.00	80.73	75.11	82.45
Si	88	94.56	89.31	90.00	89.93	86.38	94.45	83.66
Mn	91	86.50	86.96	94.04	78.84	90.45	78.79	86.37
P	80	80.00	79.12	80.00	77.93	81.62	79.62	80

选取模型在现场运行的 5 种代表性钢种进行电弧炉合金优化结果统计与精炼炉合金优化结果统计，结果见表 6-2 和表 6-3。

表 6-2 电弧炉合金优化结果统计

钢种	电弧炉合金加入比较						电弧炉成本降低比例/%
	理论电弧炉合金加入						
	硅铁	硅锰合金	金属锰	高碳锰铁	高碳铬铁	理论成本	
37Mn/2		709		1493		14901	8.61
	实际电弧炉合金加入						
	硅铁	硅锰合金	金属锰	高碳锰铁	高碳铬铁	实际成本	
		880		1530		16304	
	理论电弧炉合金加入						
	硅铁	硅锰合金	金属锰	高碳锰铁	高碳铬铁	理论成本	
45	81	460				3555	-1.40
	实际电弧炉合金加入						
	硅铁	硅锰合金	金属锰	高碳锰铁	高碳铬铁	实际成本	
	46			479		3506	
	理论电弧炉合金加入						
	硅铁	硅锰合金	金属锰	高碳锰铁	高碳铬铁	理论成本	
34CrMo4		692		174	1500	16103	6.32
	实际电弧炉合金加入						
	硅铁	硅锰合金	金属锰	高碳锰铁	高碳铬铁	实际成本	
	46	489		400	1597	17189	

续表 6-2

钢种	电弧炉合金加入比较						电弧炉成本降低比例/%
	理论电弧炉合金加入						
	硅铁	硅锰合金	金属锰	高碳锰铁	高碳铬铁	理论成本	
09Mn	92	769	687			13147	8.07
	实际电弧炉合金加入						
	硅铁	硅锰合金	金属锰	高碳锰铁	高碳铬铁	实际成本	
	145	391	1001			14301	

表 6-3 精炼炉合金优化结果统计

钢种	精炼炉合金加入比较								精炼炉成本降低比例/%
	理论精炼炉合金加入								
	硅铁	硅锰合金	金属锰	高碳锰铁	高碳铬铁	低碳铬铁	微碳铬铁	理论成本	
37Mn/2		370		10				2561	1.04
	实际精炼炉合金加入								
	硅铁	硅锰合金	金属锰	高碳锰铁	高碳铬铁	低碳铬铁	微碳铬铁	实际成本	
	100	200		100				2588	
	理论精炼炉合金加入								
	硅铁	硅锰合金	金属锰	高碳锰铁	高碳铬铁	低碳铬铁	微碳铬铁	理论成本	
45	103	122						1401	8.25
	实际精炼炉合金加入								
	硅铁	硅锰合金	金属锰	高碳锰铁	高碳铬铁	低碳铬铁	微碳铬铁	实际成本	
	68	170						1527	
	理论精炼炉合金加入								
	硅铁	硅锰合金	金属锰	高碳锰铁	高碳铬铁	低碳铬铁	微碳铬铁	理论成本	
34CrMo4		20			370		146	4099	10.46
	实际精炼炉合金加入								
	硅铁	硅锰合金	金属锰	高碳锰铁	高碳铬铁	低碳铬铁	微碳铬铁	实际成本	
	20			200		333		4578	
	理论精炼炉合金加入								
	硅铁	硅锰合金	金属锰	高碳锰铁	高碳铬铁	低碳铬铁	微碳铬铁	理论成本	
09Mn		162			69	23		1717	22.59
	实际精炼炉合金加入								
	硅铁	硅锰合金	金属锰	高碳锰铁	高碳铬铁	低碳铬铁	微碳铬铁	实际成本	
	50		160	30				2218	

选取 4 种不同钢种，分析原实际电弧炉合金加料与模型计算合金加料后钢液成分变化情况，如图 6-23~图 6-26 所示。

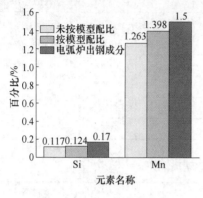

图 6-23　37Mn/2 成分变化

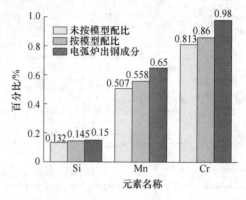

图 6-24　34CrMo4 成分变化

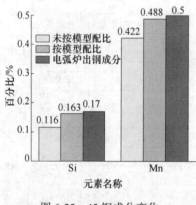

图 6-25　45 钢成分变化

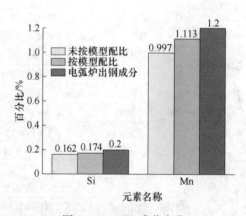

图 6-26　09Mn 成分变化

从以上图与表中得出如下结论：

（1）模型优化后，电弧炉理论合金加料成本低于电弧炉现场实际加料成本，相比于电弧炉实际加料，电弧炉合金加料经模型计算，成本降低了 6.32%~8.07%，模型优化后，精炼炉理论合金加料成本低于精炼炉现场实际加料成本，相比于精炼炉实际加料，精炼炉合金加料经模型计算，成本降低了 1.04%~22.59%。合金配料全流程总成本降低了 1.53%~10.02%。

（2）模型能根据钢种成分要求与合金收得率动态库精确计算合金用量，减少因人工计算误差造成的合金浪费；模型基于数学算法，在保证合金入炉元素相同的条件下，选择最优的合金配比方案；在满足钢种 C、P 的要求下，根据情况配加价格更低的相关合金。

（3）从电弧炉出钢成分可以看出，按照模型计算出的合金加料结果进行配比较之前未使用模型时电弧炉出钢成分更加接近目标钢种要求，提高了电弧炉加入合金比例，降低了精炼炉配加合金的生产压力，提高了生产效率。以45钢种为例，电弧炉模型理论计算合金配入量总成本高于电弧炉现场实际加料，是因为提高了电弧炉入炉合金配入比例（90%），结合精炼炉合金成本，全流程合金总成本降低。

参 考 文 献

［1］杨凌志，王学义，王志东，等．基于收得率动态库的合金加料优化模型［J］．北京科技大学学报，2014，36（s1）：104．

［2］李勃，杨凌志，宋景凌，等．90t电弧炉炼钢流程一键合金加料优化系统应用［J］．钢铁，2022，57（4）：58-67．

［3］朱冉，任宣宇，姚琪，等．基于BP神经网络的合金收得率预测［J］．电脑编程技巧与维护，2020（4）：7．

［4］李廷刚，陈勇，郑伟，等．基于BP神经网络的合金收得率预测模型［J］．山西冶金，2019，42（3）：15．

［5］马国宏，宋景凌，杨凌志，等．基于单纯形法优化合金加料方案的研究［J］．工业加热，2013，42（1）：54．

［6］Hedlund P，Gustavsson A．Design and evaluation of an effective modified simplex method［J］．Analytica Chimica Acta，1999，391（3）：257．

［7］郭照庄，岳雅璠，孙月芳．单纯形法原理及其扩展［J］．北华航天工业学院学报，2014，24（3）：1．

7 电弧炉炼钢流程成本控制模型

7.1 背景介绍

钢铁生产是一个离散复杂的过程，由于工序多、设备复杂，专业覆盖面广，导致数据来源渠道多，真实性、准确性、实时性较差。同时，产品生产流程中的物料、耗材、电能和企业运行资金流状况不清晰，成本核算粗糙。炼钢成本指为完成生产任务消耗的原材料和公用动力的成本，包括原料、辅料、燃料及动力、人工、制造及各种分摊。其中，物料是影响钢铁生产企业成本的主要因素，炼钢物料种类繁杂、计量方式各不相同，造成采集数据与实际数据不一致。统计的成本信息受到诸多因素干扰，导致炼钢生产计划发生临时改变，管理者决策信息滞后，严重影响钢铁厂的成本管理，因此，开发一个钢铁厂全成本分析平台显得尤为重要。

电弧炉炼钢流程与转炉炼钢流程在成本、质量等方面均有较大差异[1,2]，基于目前炼钢生产成本的控制现状，分析并讨论降低企业炼钢成本，对钢铁制造企业的发展以及钢铁行业的转型均具有极大的意义[3]。分析炼钢成本最重要的是获取电弧炉炼钢流程数据，通过数据对现场实时成本进行动态计算，在为管理人员提供及时准确的成本数据的同时，通过对比分析，寻找成本差异原因，使得电弧炉炼钢成本达到最优[4,5]。目前，大部分企业通过 OPC 技术实现数据实时采集，此项技术为电弧炉炼钢流程成本控制提供了数据基础[6]。很多成本控制模型应用于实际生产过程，通过建立炼钢过程静态成本预测模型，根据入炉原料条件及钢种要求，直接预测吨钢成本，生成成本明细[7]。基于线性规划方法，考虑废钢成分、堆密度及加入量等约束条件，以废钢及合金成本为目标函数来建立配料模型，显著降低炼钢原料成本[8]，根据合金信息以及生产工况条件，计算出符合生产操作要求的最低成本的合金配加方案[9]。

电弧炉炼钢流程成本控制模型根据设定的成本基础数据，根据待生产炉次的钢种信息进行生产成本预测。在生产过程中，通过生产实际收集模块采集到的物料消耗数据和炉次成分化验数据，实时调整预报的成本数据，为进一步降低生产成本提供依据和指导。模型实现成本消耗的实时分析，强化成本的动态管理和考核，真实地记录物料、能量的在线成本，并将数据实时呈现在模型界面上，可提供报表打印等功能，帮助企业精细化核算成本管理，为深化控制成本提供有力支持。

7.2 模型构建理论

电弧炉炼钢流程的成本包括电弧炉、LF 炉、连铸以及流程其他过程的金属料、辅料、供电、喷吹、耗材备件等成本。

7.2.1 电弧炉成本监控与计算

电弧炉冶炼成本主要包括加料成本、供电成本、供氧喷吹成本、底吹成本以及耗材成本。其中，加料成本具体包括金属料、辅料（包括石灰、球团、镁球、萤石等）等物质的消耗；供电成本具体包括冶炼过程中电能的消耗；供氧喷吹成本具体包括炉壁枪的氧气消耗、炭枪的炭粉与氧气消耗、炉门枪的氧气消耗；底吹成本具体包括底吹氩气与氮气消耗；耗材成本具体包括电极与取样器材的消耗。相关物料消耗与成本计算符号见表 7-1。

表 7-1 电弧炉工序物料消耗与成本参数

工序	物料类型	物料名称	物料单价	计量单位	物料消耗	物料成本
电弧炉	Material	废钢	$P_{EAF}^{废钢}$	kg	$M_{EAF}^{废钢}$	$C_{EAF}^{废钢}$
电弧炉	Material	铁水	$P_{EAF}^{铁水}$	kg	$M_{EAF}^{铁水}$	$C_{EAF}^{铁水}$
电弧炉	Material	球团	$P_{EAF}^{球团}$	kg	$M_{EAF}^{球团}$	$C_{EAF}^{球团}$
电弧炉	Material	其他金属料	$P_{EAF}^{其他}$	kg	$M_{EAF}^{其他}$	$C_{EAF}^{其他}$
电弧炉	Charge	石灰	$P_{EAF}^{石灰}$	kg	$M_{EAF}^{石灰}$	$C_{EAF}^{石灰}$
电弧炉	Charge	镁球	$P_{EAF}^{镁球}$	kg	$M_{EAF}^{镁球}$	$C_{EAF}^{镁球}$
电弧炉	Charge	萤石	$P_{EAF}^{萤石}$	kg	$M_{EAF}^{萤石}$	$C_{EAF}^{萤石}$
电弧炉	Charge	低锰	$P_{EAF}^{低锰}$	kg	$M_{EAF}^{低锰}$	$C_{EAF}^{低锰}$
电弧炉	Charge	硅铁	$P_{EAF}^{硅铁}$	kg	$M_{EAF}^{硅铁}$	$C_{EAF}^{硅铁}$
电弧炉	Charge	高锰	$P_{EAF}^{高锰}$	kg	$M_{EAF}^{高锰}$	$C_{EAF}^{高锰}$
电弧炉	Charge	碳球	$P_{EAF}^{碳球}$	kg	$M_{EAF}^{碳球}$	$C_{EAF}^{碳球}$
电弧炉	Charge	增碳球	$P_{EAF}^{增碳球}$	kg	$M_{EAF}^{增碳球}$	$C_{EAF}^{增碳球}$
电弧炉	Charge	填充料	$P_{EAF}^{填充料}$	kg	$M_{EAF}^{填充料}$	$C_{EAF}^{填充料}$
电弧炉	Charge	埋弧渣	$P_{EAF}^{埋弧渣}$	kg	$M_{EAF}^{埋弧渣}$	$C_{EAF}^{埋弧渣}$
电弧炉	Charge	钒铁	$P_{EAF}^{钒铁}$	kg	$M_{EAF}^{钒铁}$	$C_{EAF}^{钒铁}$
电弧炉	Charge	铬铁	$P_{EAF}^{铬铁}$	kg	$M_{EAF}^{铬铁}$	$C_{EAF}^{铬铁}$
电弧炉	ACC	电能	$P_{EAF}^{电能}$	kW·h	$M_{EAF}^{电能}$	$C_{EAF}^{电能}$

工序	物料类型	物料名称	物料单价	计量单位	物料消耗	物料成本
电弧炉	Injet	氧气	$P_{\text{EAF}}^{\text{氧气}}$	Nm^3	$M_{\text{EAF}}^{\text{氧气}}$	$C_{\text{EAF}}^{\text{氧气}}$
电弧炉	Injet	炭粉	$P_{\text{EAF}}^{\text{炭粉}}$	kg	$M_{\text{EAF}}^{\text{炭粉}}$	$C_{\text{EAF}}^{\text{炭粉}}$
电弧炉	Injet	氩气	$P_{\text{EAF}}^{\text{氩气}}$	Nm^3	$M_{\text{EAF}}^{\text{氩气}}$	$C_{\text{EAF}}^{\text{氩气}}$
电弧炉	Injet	氮气	$P_{\text{EAF}}^{\text{氮气}}$	Nm^3	$M_{\text{EAF}}^{\text{氮气}}$	$C_{\text{EAF}}^{\text{氮气}}$
电弧炉	Injet	燃气	$P_{\text{EAF}}^{\text{燃气}}$	Nm^3	$M_{\text{EAF}}^{\text{燃气}}$	$C_{\text{EAF}}^{\text{燃气}}$
电弧炉	Consume	测温纸管	$P_{\text{EAF}}^{\text{纸管}}$	个	$M_{\text{EAF}}^{\text{纸管}}$	$C_{\text{EAF}}^{\text{纸管}}$
电弧炉	Consume	电极	$P_{\text{EAF}}^{\text{电极}}$	kg	$M_{\text{EAF}}^{\text{电极}}$	$C_{\text{EAF}}^{\text{电极}}$
电弧炉	Consume	取样器	$P_{\text{EAF}}^{\text{取样器}}$	个	$M_{\text{EAF}}^{\text{取样器}}$	$C_{\text{EAF}}^{\text{取样器}}$
电弧炉	Consume	测温探头	$P_{\text{EAF}}^{\text{探头}}$	个	$M_{\text{EAF}}^{\text{探头}}$	$C_{\text{EAF}}^{\text{探头}}$
电弧炉	Consume	涂覆吹氧管	$P_{\text{EAF}}^{\text{吹氧管}}$	个	$M_{\text{EAF}}^{\text{吹氧管}}$	$C_{\text{EAF}}^{\text{吹氧管}}$

（1）电弧炉炼钢加料成本计算 $C_{\text{EAF}}^{\text{金属}}$（金属料）：

废钢成本　　　　　　　$C_{\text{EAF}}^{\text{废钢}} = M_{\text{EAF}}^{\text{废钢}} \times P_{\text{EAF}}^{\text{废钢}}$

铁水成本　　　　　　　$C_{\text{EAF}}^{\text{铁水}} = M_{\text{EAF}}^{\text{铁水}} \times P_{\text{EAF}}^{\text{铁水}}$

球团成本　　　　　　　$C_{\text{EAF}}^{\text{球团}} = M_{\text{EAF}}^{\text{球团}} \times P_{\text{EAF}}^{\text{球团}}$

其他金属料成本　　　　$C_{\text{EAF}}^{\text{其他}} = M_{\text{EAF}}^{\text{其他}} \times P_{\text{EAF}}^{\text{其他}}$

（2）电弧炉炼钢加料成本计算 $C_{\text{EAF}}^{\text{合金}}$（合金料）：

低锰成本　　　　　　　$C_{\text{EAF}}^{\text{低锰}} = M_{\text{EAF}}^{\text{低锰}} \times P_{\text{EAF}}^{\text{低锰}}$

硅铁成本　　　　　　　$C_{\text{EAF}}^{\text{硅铁}} = M_{\text{EAF}}^{\text{硅铁}} \times P_{\text{EAF}}^{\text{硅铁}}$

高锰成本　　　　　　　$C_{\text{EAF}}^{\text{高锰}} = M_{\text{EAF}}^{\text{高锰}} \times P_{\text{EAF}}^{\text{高锰}}$

钒铁成本　　　　　　　$C_{\text{EAF}}^{\text{钒铁}} = M_{\text{EAF}}^{\text{钒铁}} \times P_{\text{EAF}}^{\text{钒铁}}$

铬铁成本　　　　　　　$C_{\text{EAF}}^{\text{铬铁}} = M_{\text{EAF}}^{\text{铬铁}} \times P_{\text{EAF}}^{\text{铬铁}}$

（3）电弧炉炼钢加料成本计算 $C_{\text{EAF}}^{\text{辅料}}$（辅料）：

石灰成本　　　　　　　$C_{\text{EAF}}^{\text{石灰}} = M_{\text{EAF}}^{\text{石灰}} \times P_{\text{EAF}}^{\text{石灰}}$

镁球成本　　　　　　　$C_{\text{EAF}}^{\text{镁球}} = M_{\text{EAF}}^{\text{镁球}} \times P_{\text{EAF}}^{\text{镁球}}$

萤石成本　　　　　　　$C_{\text{EAF}}^{\text{萤石}} = M_{\text{EAF}}^{\text{萤石}} \times P_{\text{EAF}}^{\text{萤石}}$

碳球成本　　　　　　　$C_{\text{EAF}}^{\text{碳球}} = M_{\text{EAF}}^{\text{碳球}} \times P_{\text{EAF}}^{\text{碳球}}$

增碳球成本　　　　　　$C_{\text{EAF}}^{\text{增碳球}} = M_{\text{EAF}}^{\text{增碳球}} \times P_{\text{EAF}}^{\text{增碳球}}$

填充料成本　　　　　　$C_{\text{EAF}}^{\text{填充料}} = M_{\text{EAF}}^{\text{填充料}} \times P_{\text{EAF}}^{\text{填充料}}$

埋弧渣成本　　　　　　$C_{\text{EAF}}^{\text{埋弧渣}} = M_{\text{EAF}}^{\text{埋弧渣}} \times P_{\text{EAF}}^{\text{埋弧渣}}$

（4）电弧炉炼钢供电成本计算 $C_{\text{EAF}}^{\text{电能}}$：

电能成本 $\qquad C_{\text{EAF}}^{\text{电能}} = M_{\text{EAF}}^{\text{电能}} \times P_{\text{EAF}}^{\text{电能}}$

（5）电弧炉炼钢供氧喷吹成本计算 $C_{\text{EAF}}^{\text{喷吹}}$：

氧气成本 $\qquad C_{\text{EAF}}^{\text{氧气}} = M_{\text{EAF}}^{\text{氧气}} \times P_{\text{EAF}}^{\text{氧气}}$

炭粉成本 $\qquad C_{\text{EAF}}^{\text{炭粉}} = M_{\text{EAF}}^{\text{炭粉}} \times P_{\text{EAF}}^{\text{炭粉}}$

燃气成本 $\qquad C_{\text{EAF}}^{\text{燃气}} = M_{\text{EAF}}^{\text{燃气}} \times P_{\text{EAF}}^{\text{燃气}}$

（6）电弧炉炼钢底吹成本计算 $C_{\text{EAF}}^{\text{底吹}}$：

氩气成本 $\qquad C_{\text{EAF}}^{\text{氩气}} = M_{\text{EAF}}^{\text{氩气}} \times P_{\text{EAF}}^{\text{氩气}}$

氮气成本 $\qquad C_{\text{EAF}}^{\text{氮气}} = M_{\text{EAF}}^{\text{氮气}} \times P_{\text{EAF}}^{\text{氮气}}$

（7）电弧炉炼钢耗材成本计算 $C_{\text{EAF}}^{\text{耗材}}$：

测温纸管成本 $\qquad C_{\text{EAF}}^{\text{纸管}} = M_{\text{EAF}}^{\text{纸管}} \times P_{\text{EAF}}^{\text{纸管}}$

电极成本 $\qquad C_{\text{EAF}}^{\text{电极}} = M_{\text{EAF}}^{\text{电极}} \times P_{\text{EAF}}^{\text{电极}}$

取样器成本 $\qquad C_{\text{EAF}}^{\text{取样}} = M_{\text{EAF}}^{\text{取样}} \times P_{\text{EAF}}^{\text{取样}}$

探头成本 $\qquad C_{\text{EAF}}^{\text{探头}} = M_{\text{EAF}}^{\text{探头}} \times P_{\text{EAF}}^{\text{探头}}$

吹氧管成本 $\qquad C_{\text{EAF}}^{\text{吹氧管}} = M_{\text{EAF}}^{\text{吹氧管}} \times P_{\text{EAF}}^{\text{吹氧管}}$

电弧炉工序总成本
$$C_{\text{EAF}}^{\text{Total}} = C_{\text{EAF}}^{\text{金属}} + C_{\text{EAF}}^{\text{合金}} + C_{\text{EAF}}^{\text{辅料}} + C_{\text{EAF}}^{\text{电能}} + C_{\text{EAF}}^{\text{喷吹}} + C_{\text{EAF}}^{\text{底吹}} + C_{\text{EAF}}^{\text{耗材}}$$
电弧炉工序吨钢成本 $\qquad C_{\text{EAF}}^{\text{Unit}} = C_{\text{EAF}}^{\text{Total}} / M_{\text{EAF}}^{\text{Unit}}$

7.2.2 LF炉成本监控与计算

LF炉成本主要包括LF炉加料成本、LF炉供电成本、LF炉气体成本、LF炉耗材成本。其中，LF炉加料成本具体包括金属料、合金料（硅铁、锰铁等合金）、辅料（包括石灰、萤石、增碳剂、脱氧剂等）等物质的消耗；LF炉供电成本具体包括冶炼过程中电能的消耗；LF炉气体成本具体包括底吹氩气的消耗；LF炉耗材成本具体包括电极与取样器材的消耗。相关物料消耗与成本计算符号见表7-2。

表7-2 LF炉工序物料消耗与成本参数

工序	物料类型	物料名称	物料单价	计量单位	物料消耗	物料成本
LF炉	Material	钢筋头	$P_{\text{LF}}^{\text{钢筋}}$	kg	$M_{\text{LF}}^{\text{钢筋}}$	$C_{\text{LF}}^{\text{钢筋}}$
LF炉	Charge	硅铁	$P_{\text{LF}}^{\text{硅铁}}$	kg	$M_{\text{LF}}^{\text{硅铁}}$	$C_{\text{LF}}^{\text{硅铁}}$
LF炉	Charge	硅锰	$P_{\text{LF}}^{\text{硅锰}}$	kg	$M_{\text{LF}}^{\text{硅锰}}$	$C_{\text{LF}}^{\text{硅锰}}$
LF炉	Charge	高碳锰	$P_{\text{LF}}^{\text{高锰}}$	kg	$M_{\text{LF}}^{\text{高锰}}$	$C_{\text{LF}}^{\text{高锰}}$
LF炉	Charge	中碳锰	$P_{\text{LF}}^{\text{中锰}}$	kg	$M_{\text{LF}}^{\text{中锰}}$	$C_{\text{LF}}^{\text{中锰}}$

工序	物料类型	物料名称	物料单价	计量单位	物料消耗	物料成本
LF 炉	Charge	低碳锰	$P_{LF}^{低锰}$	kg	$M_{LF}^{低锰}$	$C_{LF}^{低锰}$
LF 炉	Charge	高碳铬	$P_{LF}^{高铬}$	kg	$M_{LF}^{高铬}$	$C_{LF}^{高铬}$
LF 炉	Charge	中碳铬	$P_{LF}^{中铬}$	kg	$M_{LF}^{中铬}$	$C_{LF}^{中铬}$
LF 炉	Charge	低碳铬	$P_{LF}^{低铬}$	kg	$M_{LF}^{低铬}$	$C_{LF}^{低铬}$
LF 炉	Charge	微碳铬	$P_{LF}^{微铬}$	kg	$M_{LF}^{微铬}$	$C_{LF}^{微铬}$
LF 炉	Charge	钼铁	$P_{LF}^{钼铁}$	kg	$M_{LF}^{钼铁}$	$C_{LF}^{钼铁}$
LF 炉	Charge	铌铁	$P_{LF}^{铌铁}$	kg	$M_{LF}^{铌铁}$	$C_{LF}^{铌铁}$
LF 炉	Charge	钛铁	$P_{LF}^{钛铁}$	kg	$M_{LF}^{钛铁}$	$C_{LF}^{钛铁}$
LF 炉	Charge	钒铁	$P_{LF}^{钒铁}$	kg	$M_{LF}^{钒铁}$	$C_{LF}^{钒铁}$
LF 炉	Charge	硼铁	$P_{LF}^{硼铁}$	kg	$M_{LF}^{硼铁}$	$C_{LF}^{硼铁}$
LF 炉	Charge	镍板	$P_{LF}^{镍板}$	kg	$M_{LF}^{镍板}$	$C_{LF}^{镍板}$
LF 炉	Charge	电解铜	$P_{LF}^{铜}$	kg	$M_{LF}^{铜}$	$C_{LF}^{铜}$
LF 炉	Charge	石灰	$P_{LF}^{石灰}$	kg	$M_{LF}^{石灰}$	$C_{LF}^{石灰}$
LF 炉	Charge	萤石	$P_{LF}^{萤石}$	kg	$M_{LF}^{萤石}$	$C_{LF}^{萤石}$
LF 炉	Charge	精炼渣	$P_{LF}^{精渣}$	kg	$M_{LF}^{精渣}$	$C_{LF}^{精渣}$
LF 炉	Charge	合成渣	$P_{LF}^{合渣}$	kg	$M_{LF}^{合渣}$	$C_{LF}^{合渣}$
LF 炉	Charge	增碳剂	$P_{LF}^{增碳}$	kg	$M_{LF}^{增碳}$	$C_{LF}^{增碳}$
LF 炉	Charge	脱氧剂	$P_{LF}^{脱氧}$	kg	$M_{LF}^{脱氧}$	$C_{LF}^{脱氧}$
LF 炉	Charge	钢包覆盖剂	$P_{LF}^{覆盖}$	kg	$M_{LF}^{覆盖}$	$C_{LF}^{覆盖}$
LF 炉	Charge	碳球	$P_{LF}^{碳球}$	kg	$M_{LF}^{碳球}$	$C_{LF}^{碳球}$
LF 炉	Charge	铝线	$P_{LF}^{铝线}$	kg	$M_{LF}^{铝线}$	$C_{LF}^{铝线}$
LF 炉	Charge	钙线	$P_{LF}^{钙线}$	kg	$M_{LF}^{钙线}$	$C_{LF}^{钙线}$
LF 炉	ACC	电能	$P_{LF}^{电能}$	kW·h	$M_{LF}^{电能}$	$C_{LF}^{电能}$
LF 炉	Injet	氩气	$P_{LF}^{氩气}$	Nm³	$M_{LF}^{氩气}$	$C_{LF}^{氩气}$
LF 炉	Consume	测温纸管	$P_{LF}^{纸管}$	个	$M_{LF}^{纸管}$	$C_{LF}^{纸管}$
LF 炉	Consume	电极	$P_{LF}^{电极}$	kg	$M_{LF}^{电极}$	$C_{LF}^{电极}$
LF 炉	Consume	取样器	$P_{LF}^{取样}$	个	$M_{LF}^{取样}$	$C_{LF}^{取样}$
LF 炉	Consume	测温探头	$P_{LF}^{探头}$	个	$M_{LF}^{探头}$	$C_{LF}^{探头}$

（1）LF 炉加料成本计算 $C_{\mathrm{LF}}^{\text{金属}}$（金属料）：

钢筋头成本 $\qquad C_{\mathrm{LF}}^{\text{钢筋}} = M_{\mathrm{LF}}^{\text{钢筋}} \times P_{\mathrm{LF}}^{\text{钢筋}}$

（2）LF 炉加料成本计算 $C_{\mathrm{LF}}^{\text{合金}}$（合金料）：

硅铁成本 $\qquad C_{\mathrm{LF}}^{\text{硅铁}} = M_{\mathrm{LF}}^{\text{硅铁}} \times P_{\mathrm{LF}}^{\text{硅铁}}$

硅锰成本 $\qquad C_{\mathrm{LF}}^{\text{硅锰}} = M_{\mathrm{LF}}^{\text{硅锰}} \times P_{\mathrm{LF}}^{\text{硅锰}}$

高碳锰成本 $\qquad C_{\mathrm{LF}}^{\text{高锰}} = M_{\mathrm{LF}}^{\text{高锰}} \times P_{\mathrm{LF}}^{\text{高锰}}$

中碳锰成本 $\qquad C_{\mathrm{LF}}^{\text{中锰}} = M_{\mathrm{LF}}^{\text{中锰}} \times P_{\mathrm{LF}}^{\text{中锰}}$

低碳锰成本 $\qquad C_{\mathrm{LF}}^{\text{低锰}} = M_{\mathrm{LF}}^{\text{低锰}} \times P_{\mathrm{LF}}^{\text{低锰}}$

高碳铬成本 $\qquad C_{\mathrm{LF}}^{\text{高铬}} = M_{\mathrm{LF}}^{\text{高铬}} \times P_{\mathrm{LF}}^{\text{高铬}}$

中碳铬成本 $\qquad C_{\mathrm{LF}}^{\text{中铬}} = M_{\mathrm{LF}}^{\text{中铬}} \times P_{\mathrm{LF}}^{\text{中铬}}$

低碳铬成本 $\qquad C_{\mathrm{LF}}^{\text{低铬}} = M_{\mathrm{LF}}^{\text{低铬}} \times P_{\mathrm{LF}}^{\text{低铬}}$

微碳铬成本 $\qquad C_{\mathrm{LF}}^{\text{微铬}} = M_{\mathrm{LF}}^{\text{微铬}} \times P_{\mathrm{LF}}^{\text{微铬}}$

钼铁成本 $\qquad C_{\mathrm{LF}}^{\text{钼铁}} = M_{\mathrm{LF}}^{\text{钼铁}} \times P_{\mathrm{LF}}^{\text{钼铁}}$

铌铁成本 $\qquad C_{\mathrm{LF}}^{\text{铌铁}} = M_{\mathrm{LF}}^{\text{铌铁}} \times P_{\mathrm{LF}}^{\text{铌铁}}$

钛铁成本 $\qquad C_{\mathrm{LF}}^{\text{钛铁}} = M_{\mathrm{LF}}^{\text{钛铁}} \times P_{\mathrm{LF}}^{\text{钛铁}}$

钒铁成本 $\qquad C_{\mathrm{LF}}^{\text{钒铁}} = M_{\mathrm{LF}}^{\text{钒铁}} \times P_{\mathrm{LF}}^{\text{钒铁}}$

硼铁成本 $\qquad C_{\mathrm{LF}}^{\text{硼铁}} = M_{\mathrm{LF}}^{\text{硼铁}} \times P_{\mathrm{LF}}^{\text{硼铁}}$

镍板成本 $\qquad C_{\mathrm{LF}}^{\text{镍板}} = M_{\mathrm{LF}}^{\text{镍板}} \times P_{\mathrm{LF}}^{\text{镍板}}$

电解铜成本 $\qquad C_{\mathrm{LF}}^{\text{铜}} = M_{\mathrm{LF}}^{\text{铜}} \times P_{\mathrm{LF}}^{\text{铜}}$

（3）LF 炉加料成本计算 $C_{\mathrm{LF}}^{\text{辅料}}$（辅料）：

石灰成本 $\qquad C_{\mathrm{LF}}^{\text{石灰}} = M_{\mathrm{LF}}^{\text{石灰}} \times P_{\mathrm{LF}}^{\text{石灰}}$

萤石成本 $\qquad C_{\mathrm{LF}}^{\text{萤石}} = M_{\mathrm{LF}}^{\text{萤石}} \times P_{\mathrm{LF}}^{\text{萤石}}$

精炼渣成本 $\qquad C_{\mathrm{LF}}^{\text{精渣}} = M_{\mathrm{LF}}^{\text{精渣}} \times P_{\mathrm{LF}}^{\text{精渣}}$

合成渣成本 $\qquad C_{\mathrm{LF}}^{\text{合渣}} = M_{\mathrm{LF}}^{\text{合渣}} \times P_{\mathrm{LF}}^{\text{合渣}}$

增碳剂成本 $\qquad C_{\mathrm{LF}}^{\text{增碳}} = M_{\mathrm{LF}}^{\text{增碳}} \times P_{\mathrm{LF}}^{\text{增碳}}$

脱氧剂成本 $\qquad C_{\mathrm{LF}}^{\text{脱氧}} = M_{\mathrm{LF}}^{\text{脱氧}} \times P_{\mathrm{LF}}^{\text{脱氧}}$

钢包覆盖剂成本 $\qquad C_{\mathrm{LF}}^{\text{覆盖}} = M_{\mathrm{LF}}^{\text{覆盖}} \times P_{\mathrm{LF}}^{\text{覆盖}}$

碳球成本 $\qquad C_{\mathrm{LF}}^{\text{碳球}} = M_{\mathrm{LF}}^{\text{碳球}} \times P_{\mathrm{LF}}^{\text{碳球}}$

铝线成本 $\qquad C_{\mathrm{LF}}^{\text{铝线}} = M_{\mathrm{LF}}^{\text{铝线}} \times P_{\mathrm{LF}}^{\text{铝线}}$

钙线成本 $\qquad C_{\mathrm{LF}}^{\text{钙线}} = M_{\mathrm{LF}}^{\text{钙线}} \times P_{\mathrm{LF}}^{\text{钙线}}$

（4）LF 炉供电成本计算 $C_{\mathrm{LF}}^{\text{电能}}$：

电能成本 $\qquad C_{\mathrm{LF}}^{\text{电能}} = M_{\mathrm{LF}}^{\text{电能}} \times P_{\mathrm{LF}}^{\text{电能}}$

（5）LF 炉气体成本计算 $C_{\mathrm{LF}}^{\text{气体}}$：

氩气成本　　　　　　　　　　$C_{LF}^{氩气} = M_{LF}^{氩气} \times P_{LF}^{氩气}$

(6)LF 炉耗材成本计算 $C_{LF}^{耗材}$：

测温纸管成本　　　　　　　　$C_{LF}^{纸管} = M_{LF}^{纸管} \times P_{LF}^{纸管}$

电极成本　　　　　　　　　　$C_{LF}^{电极} = M_{LF}^{电极} \times P_{LF}^{电极}$

取样器成本　　　　　　　　　$C_{LF}^{取样} = M_{LF}^{取样} \times P_{LF}^{取样}$

测温探头成本　　　　　　　　$C_{LF}^{探头} = M_{LF}^{探头} \times P_{LF}^{探头}$

LF 炉工序总成本

$$C_{LF}^{Total} = C_{LF}^{金属} + C_{LF}^{合金} + C_{LF}^{辅料} + C_{LF}^{电能} + C_{LF}^{气体} + C_{LF}^{耗材}$$

LF 炉工序吨钢成本　　　　　　$C_{LF}^{Unit} = C_{LF}^{Total} / M_{LF}^{Unit}$

7.2.3　连铸成本监控与计算

连铸成本主要包括连铸加料成本以及连铸耗材成本。其中，连铸加料成本具体包括结晶器保护渣、中间包覆盖剂、引流沙等物质的消耗；连铸耗材成本具体包括取样器、测温探头、大包长水口、浸入式水口、定径水口等取样器材的消耗。相关物料消耗与成本计算符号见表 7-3。

表 7-3　连铸工序物料消耗与成本参数

工序	物料类型	物料名称	物料单价	计量单位	物料消耗	物料成本
连铸	Charge	结晶器保护渣	$P_{CC}^{保护}$	kg	$M_{LF}^{保护}$	$C_{CC}^{保护}$
连铸	Charge	中间包覆盖剂	$P_{CC}^{覆盖}$	kg	$M_{CC}^{覆盖}$	$C_{CC}^{覆盖}$
连铸	Charge	引流沙	$P_{CC}^{引流}$	kg	$M_{CC}^{引流}$	$C_{CC}^{引流}$
连铸	Consume	取样器	$P_{CC}^{取样}$	个	$M_{CC}^{取样}$	$C_{CC}^{取样}$
连铸	Consume	测温探头	$P_{CC}^{探头}$	个	$M_{CC}^{探头}$	$C_{CC}^{探头}$
连铸	Consume	大包长水口	$P_{CC}^{大包}$	个	$M_{CC}^{大包}$	$C_{CC}^{大包}$
连铸	Consume	浸入式水口	$P_{CC}^{浸入}$	个	$M_{CC}^{浸入}$	$C_{CC}^{浸入}$
连铸	Consume	定径水口	$P_{CC}^{定径}$	个	$M_{CC}^{定径}$	$C_{CC}^{定径}$

(1) 连铸加料成本计算 $C_{CC}^{加料}$：

结晶器保护渣成本　　　　　　$C_{CC}^{保护} = M_{CC}^{保护} \times P_{CC}^{保护}$

中间包覆盖剂成本　　　　　　$C_{CC}^{覆盖} = M_{CC}^{覆盖} \times P_{CC}^{覆盖}$

引流沙成本　　　　　　　　　$C_{CC}^{引流} = M_{CC}^{引流} \times P_{CC}^{引流}$

(2) 连铸耗材成本计算 $C_{CC}^{耗材}$：

取样器成本　　　　　　　　　$C_{CC}^{取样} = M_{CC}^{取样} \times P_{CC}^{取样}$

测温探头成本	$C_{CC}^{探头} = M_{CC}^{探头} \times P_{CC}^{探头}$
大包长水口成本	$C_{CC}^{大包} = M_{CC}^{大包} \times P_{CC}^{大包}$
浸入式水口成本	$C_{CC}^{浸入} = M_{CC}^{浸入} \times P_{CC}^{浸入}$
定径水口成本	$C_{CC}^{定径} = M_{CC}^{定径} \times P_{CC}^{定径}$

连铸工序总成本 $\qquad C_{CC}^{Total} = C_{CC}^{加料} + C_{CC}^{耗材}$

连铸工序吨钢成本 $\qquad C_{CC}^{Unit} = C_{CC}^{Total} / M_{CC}^{Unit}$

7.2.4 整个流程的其他成本监控与计算

整个流程的其他成本主要包括各个流程中氧气、燃气、氩气、氮气、空气以及水等成本。相关物料消耗与成本计算符号见表 7-4。

表 7-4 流程其他物料消耗与成本参数

工序	物料类型	物料名称	物料单价	计量单位	物料消耗	物料成本
流程其他	Injet	氧气	$P_{ALL}^{氧气}$	Nm³	$M_{ALL}^{氧气}$	$C_{ALL}^{氧气}$
流程其他	Injet	燃气	$P_{ALL}^{燃气}$	Nm³	$M_{ALL}^{燃气}$	$C_{ALL}^{燃气}$
流程其他	Injet	氩气	$P_{ALL}^{氩气}$	Nm³	$M_{ALL}^{氩气}$	$C_{ALL}^{氩气}$
流程其他	Injet	氮气	$P_{ALL}^{氮气}$	Nm³	$M_{ALL}^{氮气}$	$C_{ALL}^{氮气}$
流程其他	Injet	空气	$P_{ALL}^{空气}$	Nm³	$M_{ALL}^{空气}$	$C_{ALL}^{空气}$
流程其他	Injet	水	$P_{ALL}^{水}$	Nm³	$M_{ALL}^{水}$	$C_{ALL}^{水}$

整个流程的其他成本计算 $C_{ALL}^{其他}$：

氧气成本	$C_{ALL}^{氧气} = M_{ALL}^{氧气} \times P_{ALL}^{氧气}$
燃气成本	$C_{ALL}^{燃气} = M_{ALL}^{燃气} \times P_{ALL}^{燃气}$
氩气成本	$C_{ALL}^{氩气} = M_{ALL}^{氩气} \times P_{ALL}^{氩气}$
氮气成本	$C_{ALL}^{氮气} = M_{ALL}^{氮气} \times P_{ALL}^{氮气}$
空气成本	$C_{ALL}^{空气} = M_{ALL}^{空气} \times P_{ALL}^{空气}$
水成本	$C_{ALL}^{水} = M_{ALL}^{水} \times P_{ALL}^{水}$

整个流程的其他总成本 $\qquad C_{ALL}^{Total} = C_{ALL}^{其他}$

整个流程的其他吨钢成本 $\qquad C_{ALL}^{Unit} = C_{ALL}^{Total} / M_{ALL}^{Unit}$

7.3 模 型 开 发

以 EAF-LF-三流小方坯连铸机生产流程线为研究对象，开发电弧炉炼钢流程成本控制模型。模型开发架构如图 7-1 所示。

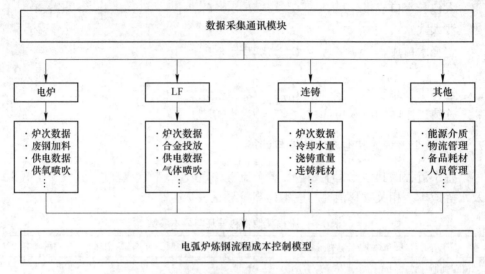

图 7-1 电弧炉炼钢流程成本控制模型开发架构

电弧炉炼钢流程成本控制模型实现生成各个工序生产数据报表、成本报表，分析设备利用率，为研究降低成本提供数据支持，具体包括：

（1）电炉二级界面显示及报表。将 L1 数据采集到数据库，实现数据的显示和人工输入，按需进行报表自动输出，并保存于相应数据库中。

（2）LF 二级界面显示及报表。将 L1 数据采集到数据库，实现数据的显示和人工输入，按需进行报表自动输出，并保存于相应数据库中。

（3）连铸二级界面显示及报表。将 L1 数据采集到数据库，实现数据的显示和人工输入，按需进行报表自动输出，并保存于相应数据库中。

（4）炼钢成本软件的编制，将各系统采集的数据进行统计归类及分摊，计算炼钢成本；从炉次、时间、成本组成等维度进行成本展示和分析。同时对热加工中心的备品备件进行管理；分析各主工序设备的利用率；相关报表的自动输出。

炼钢全成本分析系统在实施案例中，由 1 台数据库通讯服务器和多台客户端组成，是客户端/服务器（C/S）的结构。数据库通讯服务器负责采集的实时生产数据、管理质量标准和模型运算等，是模型的核心组件。模型开发环境选用微软公司的 Visual Studio 2010，后台数据库选用 Microsoft SQL Server 2008 数据库，OPC 服务器 Kepware 软件，连接下位 PLC 与上位机之间通讯。

生产过程中每个炉次的实时冶炼数据采集（图 7-2）是模型在线运行的保障，同时也是查询、分析、计算的基础。本书所介绍的数据通信主要是以上位机基于 OPCserver 的方式连接西门子 PLC300、PLC1500 获取相应所需的现场生产运转数据以及相关寄存器数据信息（图 7-3 和图 7-4）。将按照一定的周期自动采集

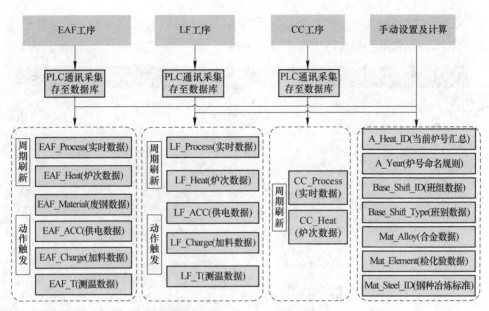

图 7-2 数据采集构建流程

No	IP	Name	Item
0		服务器	192.168.3.200
1	192.168.3.50	冶炼开始信号	Siemens_300.EAFBody.Heat_START
2	192.168.3.50	炉次出钢量触发信号	Siemens_300.EAFBody.Heat_Tap_TRI
3	192.168.3.50	炉次出钢量	Siemens_300.EAFBody.Heat_Tap_W
4	192.168.3.50	1#断路器合闸到位信号	Siemens_300.EAFBody.Breaker_on_TRI
5	192.168.3.50	2#断路器合闸到位信号	Siemens_300.EAFBody.Breaker_off_TRI
6	192.168.3.50	本此加热有功电度	Siemens_300.EAFBody.Active_power_Q
7	192.168.3.50	总进水温度	Siemens_300.EAFBody.Water_T
8	192.168.3.50	水冷炉盖回水温度1	Siemens_300.EAFBody.Roof_1_water_T
9	192.168.3.50	水冷炉盖回水温度2	Siemens_300.EAFBody.Roof_2_water_T
10	192.168.3.50	横臂回水温度1	Siemens_300.EAFBody.Crossarm_1_water_T
11	192.168.3.50	横臂回水温度2	Siemens_300.EAFBody.Crossarm_2_water_T
12	192.168.3.50	横臂回水温度3	Siemens_300.EAFBody.Crossarm_3_water_T
13	192.168.3.50	短网回水温度1	Siemens_300.EAFBody.Shortnet_1_water_T
14	192.168.3.50	短网回水温度2	Siemens_300.EAFBody.Shortnet_2_water_T
15	192.168.3.50	短网回水温度3	Siemens_300.EAFBody.Shortnet_3_water_T
16	192.168.3.2	炉次废钢总消耗触发信号	Siemens_300.EAFScrapCharge.Scrap_total_W_TRI
17	192.168.3.2	炉次废钢总消耗	Siemens_300.EAFScrapCharge.Scrap_total_W
18	192.168.3.2	炉次加料蓝废钢量触发信号	Siemens_300.EAFScrapCharge.Scrap_box_W_TRI
19	192.168.3.2	炉次加料蓝废钢量	Siemens_300.EAFScrapCharge.Scrap_box_W
20	192.168.3.2	炉次冷槽渣留量触发信号	Siemens_300.EAFScrapCharge.Scrap_box_cool_W_TRI
21	192.168.3.2	炉次冷槽渣留量	Siemens_300.EAFScrapCharge.Scrap_box_cool_W
22	192.168.3.2	炉次热槽渣留量触发信号	Siemens_300.EAFScrapCharge.Scrap_box_hot_W_TRI
23	192.168.3.2	炉次热槽渣留量	Siemens_300.EAFScrapCharge.Scrap_box_hot_W
24	192.168.3.2	炉盖冷却水总流量	Siemens_300.EAFScrapCharge.Roof_water_F
25	192.168.3.2	炉盖冷却水进水温度	Siemens_300.EAFScrapCharge.Roof_water_in_T
26	192.168.3.2	炉盖冷却水出水温度	Siemens_300.EAFScrapCharge.Roof_water_out_T

图 7-3 PLC300 通讯界面

或手工录入的各种现场生产数据及时反馈给操作人员以及计算模型，并保存到数据库系统，以备后期的生产数据统计、追溯与分析。

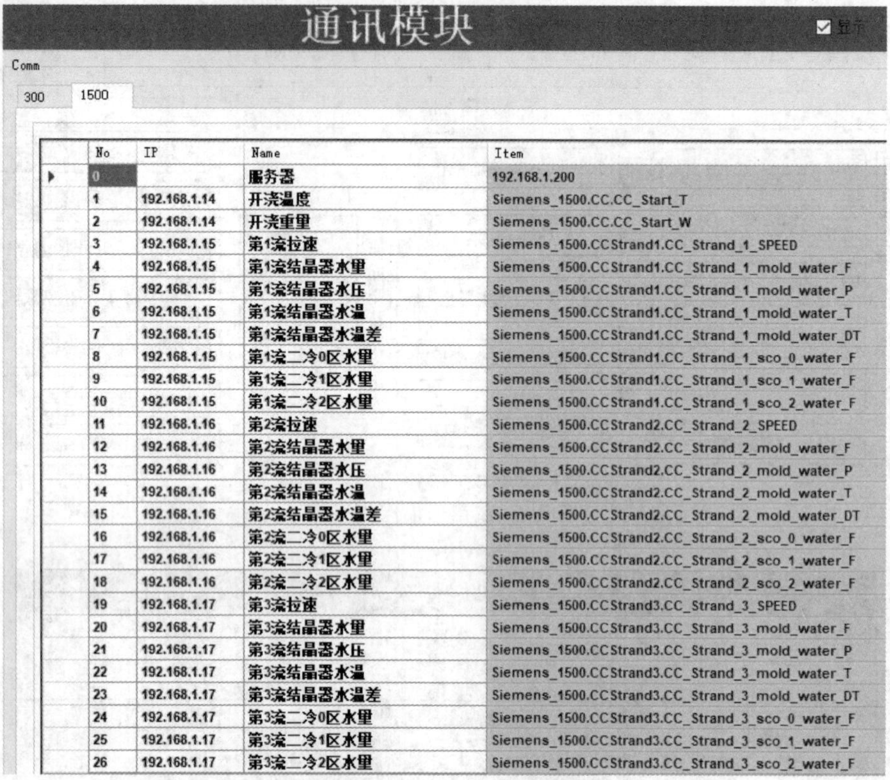

No	IP	Name	Item
0		服务器	192.168.1.200
1	192.168.1.14	开浇温度	Siemens_1500.CC.CC_Start_T
2	192.168.1.14	开浇重量	Siemens_1500.CC.CC_Start_W
3	192.168.1.15	第1流拉速	Siemens_1500.CCStrand1.CC_Strand_1_SPEED
4	192.168.1.15	第1流结晶器水量	Siemens_1500.CCStrand1.CC_Strand_1_mold_water_F
5	192.168.1.15	第1流结晶器水压	Siemens_1500.CCStrand1.CC_Strand_1_mold_water_P
6	192.168.1.15	第1流结晶器水温	Siemens_1500.CCStrand1.CC_Strand_1_mold_water_T
7	192.168.1.15	第1流结晶器水温差	Siemens_1500.CCStrand1.CC_Strand_1_mold_water_DT
8	192.168.1.15	第1流二冷0区水量	Siemens_1500.CCStrand1.CC_Strand_1_sco_0_water_F
9	192.168.1.15	第1流二冷1区水量	Siemens_1500.CCStrand1.CC_Strand_1_sco_1_water_F
10	192.168.1.15	第1流二冷2区水量	Siemens_1500.CCStrand1.CC_Strand_1_sco_2_water_F
11	192.168.1.16	第2流拉速	Siemens_1500.CCStrand2.CC_Strand_2_SPEED
12	192.168.1.16	第2流结晶器水量	Siemens_1500.CCStrand2.CC_Strand_2_mold_water_F
13	192.168.1.16	第2流结晶器水压	Siemens_1500.CCStrand2.CC_Strand_2_mold_water_P
14	192.168.1.16	第2流结晶器水温	Siemens_1500.CCStrand2.CC_Strand_2_mold_water_T
15	192.168.1.16	第2流结晶器水温差	Siemens_1500.CCStrand2.CC_Strand_2_mold_water_DT
16	192.168.1.16	第2流二冷0区水量	Siemens_1500.CCStrand2.CC_Strand_2_sco_0_water_F
17	192.168.1.16	第2流二冷1区水量	Siemens_1500.CCStrand2.CC_Strand_2_sco_1_water_F
18	192.168.1.16	第2流二冷2区水量	Siemens_1500.CCStrand2.CC_Strand_2_sco_2_water_F
19	192.168.1.17	第3流拉速	Siemens_1500.CCStrand3.CC_Strand_3_SPEED
20	192.168.1.17	第3流结晶器水量	Siemens_1500.CCStrand3.CC_Strand_3_mold_water_F
21	192.168.1.17	第3流结晶器水压	Siemens_1500.CCStrand3.CC_Strand_3_mold_water_P
22	192.168.1.17	第3流结晶器水温	Siemens_1500.CCStrand3.CC_Strand_3_mold_water_T
23	192.168.1.17	第3流结晶器水温差	Siemens_1500.CCStrand3.CC_Strand_3_mold_water_DT
24	192.168.1.17	第3流二冷0区水量	Siemens_1500.CCStrand3.CC_Strand_3_sco_0_water_F
25	192.168.1.17	第3流二冷1区水量	Siemens_1500.CCStrand3.CC_Strand_3_sco_1_water_F
26	192.168.1.17	第3流二冷2区水量	Siemens_1500.CCStrand3.CC_Strand_3_sco_2_water_F

图 7-4 PLC1500 通讯界面

生产实际收集的数据包括生产过程中电弧炉、精炼、连铸过程产生的炉次冶炼基本信息，冶炼过程中金属料、辅料、供电、喷吹、耗材备件等消耗信息。

7.4 模型功能介绍

7.4.1 实时成本监控

实时成本监控数据包括生产过程中电弧炉、精炼、连铸过程产生的炉次冶炼基本信息、冶炼过程金属料、辅料、供电、喷吹、耗材备件等消耗信息，其界面如图 7-5～图 7-7 所示。

金属料与辅料消耗信息以炉次为单位，采集与储存废钢、生铁等钢铁料重量信息，石灰、白云石、萤石等造渣材料，硅铁、锰铁、硅锰等铁合金料以及铝线等脱氧剂的数据。对于生产过程中模型无法采集的手投料数据，提供手工录入的

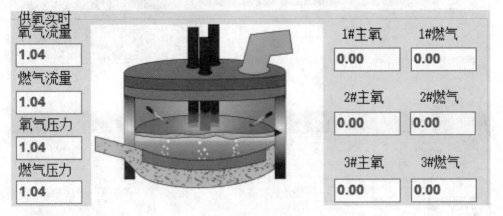

炉号	名称	单位	重量
1950-0019	增碳球	kg	5.5
1950-0019	填充料	kg	1.1
1950-0019	埋弧渣	kg	1
1950-0019	钒铁	kg	0
1950-0019	铬铁	kg	0
1950-0019	电极	kg	2.1

连续加料 手动加料   保存

时间	名称	重量
2019-01-16 01:22:01	萤石	75
2019-01-16 01:21:01	硅铁	65
2019-01-16 01:20:01	萤石	607
2019-01-16 01:19:01	石灰	789
2019-01-16 01:18:01	石灰	300
2019-01-16 01:17:01	石灰	486

图 7-5 废钢加料和手动加料数据   图 7-6 辅料加料数据

供氧实时
氧气流量 1.04
燃气流量 1.04
氧气压力 1.04
燃气压力 1.04

1#主氧 0.00 1#燃气 0.00
2#主氧 0.00 2#燃气 0.00
3#主氧 0.00 3#燃气 0.00

图 7-7 供氧实时数据

界面完成数据的收集。生产过程中的气体主要包括炉壁与炉门氧枪的氧气等，能源包括喷吹的炭粉与电能等。与此同时，以炉次为单位记录实时的供电与供氧信息（氧气流量、氧气压力、弧流、弧压、功率），储存炉次供电与供氧曲线。

炉次成本信息界面展示本炉次已发生的详细消耗信息与成本（图 7-8）。根据物料消耗类型进行分类，计算出金属料成本、辅料成本、供电成本、喷吹成本与耗材备件成本等，同时，汇总计算出总成本与吨钢成本，实时反映冶炼过程中物料消耗与成本状况。

7.4.2 成本分析界面

为了给生产过程中的成本降低提供指导依据，模型通过数据采集模块得到的各种原辅料消耗数据，实现成本数据的分析。成本分析界面是根据历史成本数据，从炉次、时间、成本组成等多个维度进行成本展示和分析，包括工序成本分析、成本构成分析、趋势分析、对标分析、消耗对比与成本挖掘等功能，其主界面如图 7-9 所示。

炉次成本信息

炉次基本数据

炉总成本 3029.80 元	吨钢水成本 60.66 元/t	辅料总成本 3029.8 元	吨钢辅料成本 60.66 元/t				
氧气单耗 51.75 Nm3/t	碳粉单耗 4.43 kg/t	氩气单耗 0.29 Nm3/t	金属料单耗 0.00 kg/t				
氧气成本 51.75 元	碳粉成本 7.09 元	氩气成本 0.59 元	金属料成本 0.00 元				

按钮：上一炉（D224948）　查询炉号：D224949　下一炉（没有了）　刷新

炉次详细成本数据

项目	电耗	氧耗	氮气	氩气	碳粉	石灰	球团	镁球	萤石	铁水
消耗	0	2584.91	306.56	14.66	221.48					
价格	1000	1	0.2	2	1.6	0.313	1	1	2.26	1
成本	0	2584.9	61.3	29.3	354.3	0	0	0	0	0

炉次详细金属料成本数据

编号	熔炼号	名称	用量	价格	成本
D224949830压块	D224949	830压块		1	0
D224949A级渣钢	D224949	A级渣钢	0	1450	0
D224949B级渣钢	D224949	B级渣钢	0	2050	0
D224949出格铁	D224949	出格铁	0	1	0
D224949冷包铁	D224949	冷包铁	0	1	0
D224949废钢	D224949	废钢	0	3050	0
D224949监制压块	D224949	监制压块	0	1	0

图 7-8　炉次成本信息界面

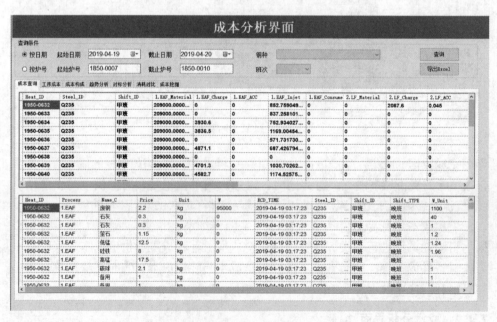

图 7-9　炉次成本分析界面

7.4.2.1　工序成本分析

工序成本分析是指根据对应查询条件下每一炉次各个工序的废钢加料数据、辅料加料数据、测温纸管消耗量，以及其他备品耗材消耗数目等信息进行数据处理，计算工序成本并绘出直方图，其界面如图 7-10 所示。

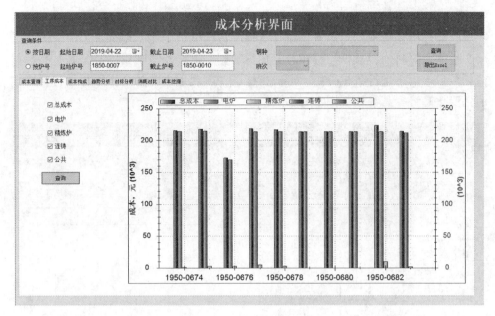

图 7-10　工序成本分析界面

7.4.2.2　成本构成分析

成本构成分析是指根据对应查询条件下每一炉次电炉工序、精炼炉工序、连铸工序产生的金属料加料数据、辅料合金加料数据、电能及喷吹量以及公共备品耗材消耗数目等信息进行数据处理，计算成本构成并自动生成饼图，其界面如图 7-11 所示。

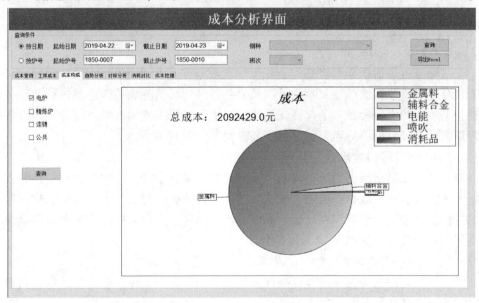

图 7-11　成本构成分析界面

7.4.2.3 趋势分析

趋势分析是指根据对应查询条件下每一炉次电炉工序、精炼炉工序、连铸工序产生的金属料加料数据、辅料合金加料数据、电能及喷吹量以及公共备品耗材消耗数目等信息进行数据分析，形成折线图，直观地查看各个工序每种材料成本消耗变化趋势，其界面如图7-12所示。

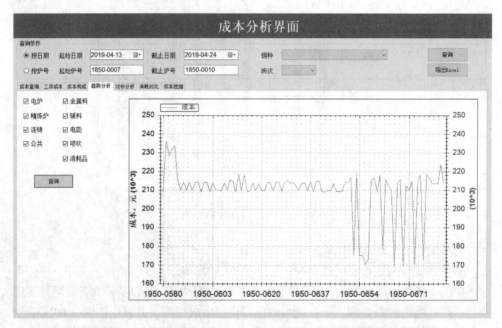

图 7-12 趋势分析界面

7.4.2.4 对标分析

对标分析是指根据对应查询条件下炉次在各个工序产生的金属料加料数据、辅料合金加料数据、电能及喷吹量以及公共备品耗材消耗数目等信息进行数据分析，显示每炉次每种材料消耗变化趋势，对生产过程中使用材料重量超标以红色背景显示，未超标以绿色背景显示，其界面如图7-13所示。

7.4.2.5 消耗对比

消耗对比是指根据对应查询条件下的炉次，对各个工序产生的金属料加料数据、辅料合金加料数据、电能及喷吹数以及公共备品耗材消耗数目等信息进行数据分析，可根据每个班组在冶炼过程中的消耗信息，显示对应工序每种材料消耗变化趋势，其界面如图7-14和图7-15所示。

7.4.2.6 成本挖掘

成本挖掘是指根据对应查询条件下的炉次，对各个工序产生的金属料加料数据、辅料合金加料数据、电能及喷吹数以及公共备品耗材消耗数目等信息进行数

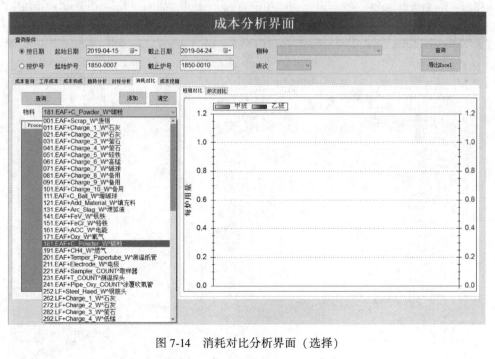

图 7-13 对标分析界面

图 7-14 消耗对比分析界面（选择）

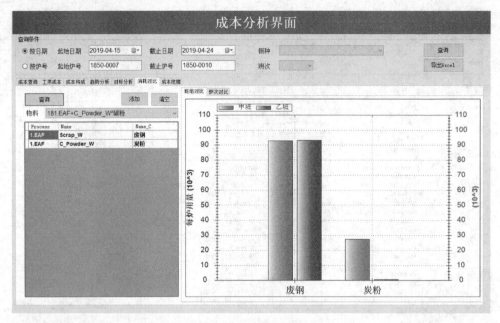

图 7-15　消耗对比分析界面

据分析，例如，选择废钢数据和石灰数据，可分析废钢添加量与冶炼过程中石灰添加量之间的变化关系，便于指导实际生产过程，其界面如图 7-16、图 7-17 所示。

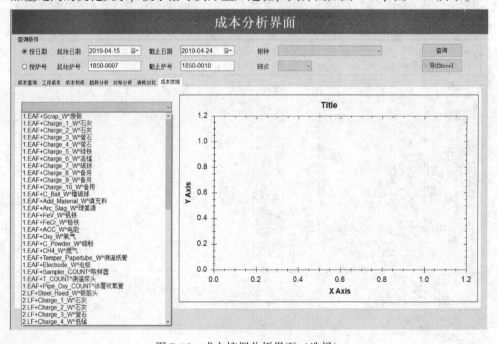

图 7-16　成本挖掘分析界面（选择）

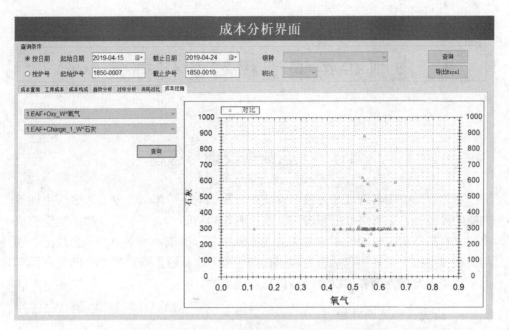

图 7-17　成本挖掘分析界面

参 考 文 献

［1］崔健，刘晓．电弧炉炼钢技术若干问题的实践与认识（2）［J］．钢铁，2006（5）：1-5.

［2］阮清华，白苗苗．我国长流程炼钢与短流程炼钢成本比较［J］．中国钢铁业，2019（10）：58-60.

［3］张海秋，李玉宝，王岩，等．降低炼钢成本的技术应用分析［J］．冶金管理，2021（7）：120，122.

［4］朱荣，田博涵．电弧炉炼钢成本分析及降成本研究［J］．河南冶金，2019，27（3）：1-7.

［5］杨凌志，马国宏，张余彬，等．电弧炉炼钢流程多尺度控制模型研究［J］．工业加热，2015，44（2）：4-7.

［6］宋水根，贵军，黎建．基于 OPC 技术数据采集的电弧炉成本控制模型［J］．工业加热，2013，42（2）：17-18，21.

［7］胡晓光，付尚红，熊华报．炼钢成本预测模型的开发与应用［J］．河北冶金，2020（11）：16-19，33.

［8］陈攀，操龙虎，乔军．基于线性规划的电炉炼钢原料成本控制研究［J］．工业加热，2021，50（5）：51-53.

［9］王星，危尚好，秦登平，等．炼钢合金最小成本控制系统的开发及应用［J］．冶金自动化，2019，43（1）：47-52.

8 电弧炉炼钢流程智能化办公平台

8.1 工艺数据查询与管理

工艺数据查询与管理是为技术管理人员提供电弧炉炼钢流程工艺数据查询等功能的界面，并具有对数据新增、修改、删除的功能。为了确保数据不被随意更改，只有具备相应权限的用户才能进入该模块进行操作。本书中，工艺数据查询与管理列举的主要界面包括历史数据查询界面、质量数据查询界面、曲线查询界面、计划与锭坯查询界面以及连铸信息查询界面。

8.1.1 历史数据查询界面

历史数据查询界面为技术管理人员提供查询电弧炉炼钢流程物料、质量等冶炼数据的可视化界面。历史数据查询界面可以通过选择时间与炉号两种方式进行查询。选择要查询的起始日期与截止日期，或输入起始炉号与截止炉号，查看对应炉次的历史数据信息。历史数据查询功能设置钢种、班次下拉选择框，作为历史数据查询的限制条件。其中，钢种下拉选择框包含全部钢种；班次下拉选择框包含全部、甲班、乙班、丙班以及丁班。同时，此界面为管理人员提供导出与打印功能，界面如图8-1~图8-6所示。

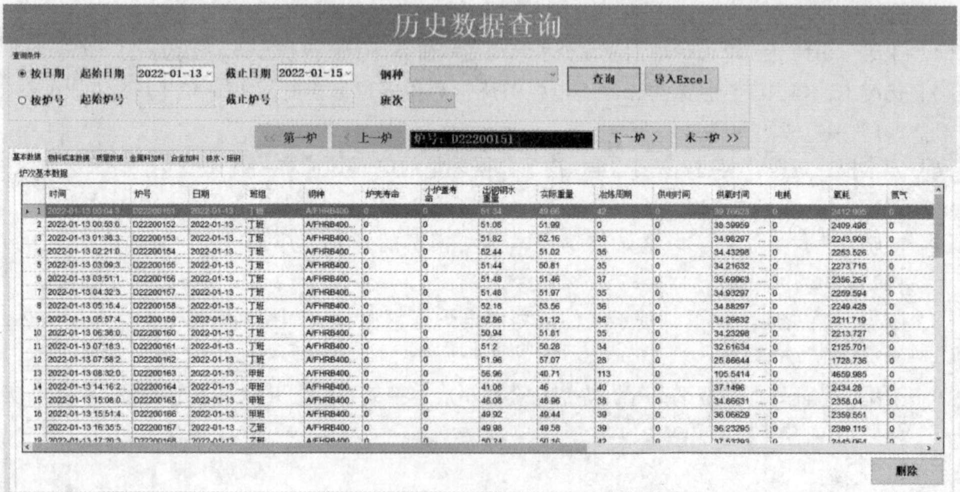

图 8-1 历史数据查询界面（基本数据）

图 8-2 历史数据查询界面（物料成本数据）

图 8-3 历史数据查询界面（质量数据）

历史数据查询界面共分为 6 个部分，分别是基本数据查询、物料成本数据查询、质量数据查询、金属料加料查询、合金加料查询以及铁水废钢查询。对钢种、班组等条件进行限定后，点击查询按钮，界面将显示符合查询条件的历史数据信息，具体包含：

基本数据查询显示炉次冶炼时间、冶炼炉号、冶炼班组、冶炼钢种以及炉壳炉盖寿命等基础数据，在电弧炉在冶炼过程中所消耗的电能、氧气、氩气以及石灰等物料消耗数据，以及在电弧炉冶炼过程中的供电时间、供氧时间、冶炼周

图 8-4　历史数据查询界面（金属料加料）

图 8-5　历史数据查询界面（合金加料）

期、出钢重量等统计数据。

物料成本数据查询显示炉次冶炼时间、冶炼炉号、冶炼班组等基本数据，以及在电弧炉，LF 炉冶炼过程中加入的金属料、辅料、合金等物质的成本数据统计，方便工作人员对冶炼成本进行控制。

质量数据查询显示炉次冶炼时间、冶炼炉号、检测位置、样品编号、炉次钢种等基础数据，以及如 C、Mn、S、P、Si 等各个元素的含量化验结果。在炉次钢样化验结果的下方，同时还显示炉次测温信息。

图 8-6　历史数据查询界面（铁水、废钢）

金属料加料查询显示在电弧炉冶炼过程中每一炉次所加入的金属料的名称、用量以及其单价；合金加料查询显示在电弧炉以及 LF 炉工位处每一炉次所加入的合金料的名称、用量以及其单价，以上的数据为之后的冶炼成本统计奠定基础。

铁水废钢查询显示电弧炉冶炼过程中每一炉次使用的铁水以及废钢的用量情况。

8.1.2　质量数据查询

质量数据查询界面为技术管理人员提供查询化验室检测的钢水成分数据的可视化界面。质量数据查询界面可以通过选择时间与炉号两种方式进行查询。选择要查询的起始日期与截止日期，或输入起始炉号与截止炉号，查看对应炉次以及对应各个工序的元素化学成分变化情况。成分查询功能设置钢种、类型、上下限查询等下拉选择框，作为质量查询的限制条件。其中，钢种下拉选择框包含全部钢种与外销坯钢种；类型下拉选择框包含全部、成品、电弧炉最终三种样品编号位置；上下限查询包含内控上下限查询与标准上下限查询两种。同时，此界面为管理人员提供导出与打印功能，界面如图 8-7 所示。

质量查询界面共分为 2 个部分，分别是成分查询与成分修改。对钢种、类型、上下限查询等条件进行限定后，点击查询按钮，界面将显示符合查询条件的炉次成分信息，具体包含每一炉次的炉号，检测位置，样品编号，钢种，如 C、Mn、S、P、Si 等各个元素的含量以及液相线，碳当量等。根据所选择的上下限标准，对每一炉次的元素成分含量进行判断，对不符合含量标准的元素成分的格式做出相应改变，如高于上限值，元素成分含量变为红色，低于下限值，则显示为绿色，便于操作人员观察并及时调整钢水成分，使之达到出钢要求。同时，设

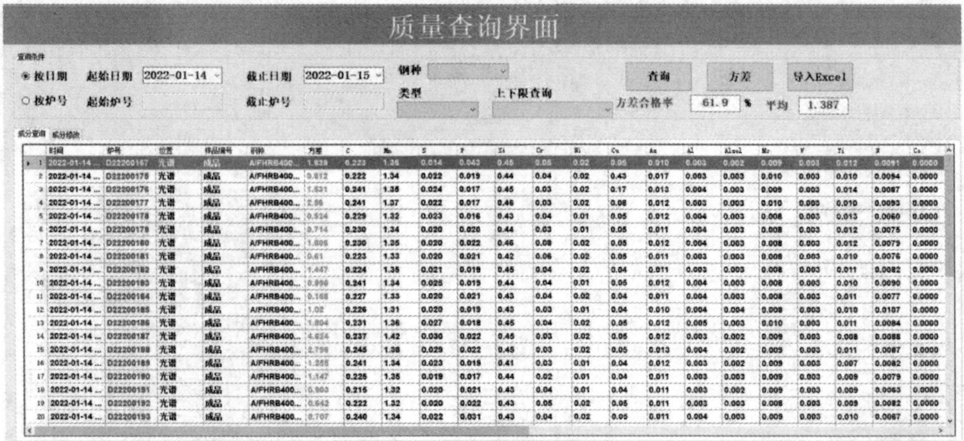

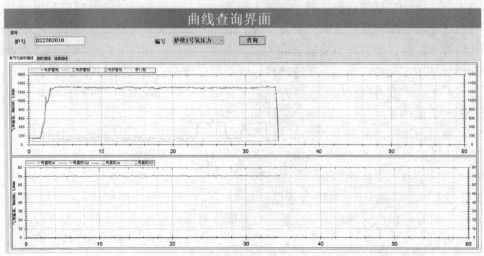

图 8-7 质量数据查询界面

置方差按钮，计算并且显示每一炉次元素成分的方差数据，反应每一炉次的元素成分数据与其平均值的偏离程度，并计算出方差合格率以及平均方差，显示在当前界面。为防止元素成分含量出现错误，设置成分修改的功能，可对出现错误的元素成分含量进行修改，并同步更新至数据库中。

8.1.3 曲线查询界面

曲线查询界面为技术管理人员提供查询冶炼过程中的工艺操作曲线的可视化界面。曲线查询界面可以通过输入炉号来查询在冶炼过程中的喷吹曲线，曲线查询功能设置编号下拉选择框作为限制条件，其包含不同位置的曲线名称，界面如图 8-8~图 8-10 所示。

图 8-8 曲线查询界面（氧气与底吹曲线）

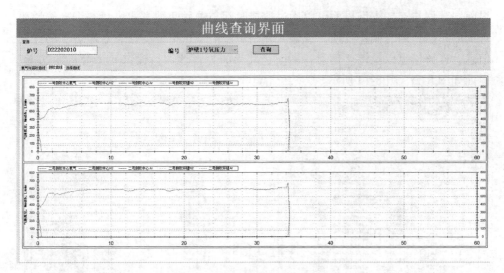

图 8-9 曲线查询界面（侧吹曲线）

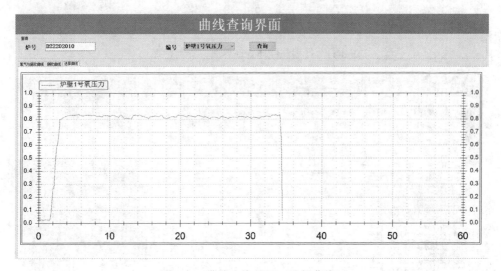

图 8-10 曲线查询界面（选择曲线）

曲线查询界面共分为 3 个部分，分别是氧气与底吹曲线查询、侧吹曲线查询以及选择曲线查询，对炉号、不同位置的曲线名称进行限定后，点击查询按钮，界面将显示符合查询条件的曲线信息，可以清晰直观地看出炉壁氧枪、炉门氧枪、侧吹、底吹等气体流量随时间的变化过程，对分析冶炼状态有很大的意义。

8.1.4 计划与锭坯查询

计划与锭坯查询界面为技术管理人员提供查询生产计划与成品锭坯的可视化

界面。计划与锭坯查询界面可以通过选择时间与炉号两种方式进行查询。选择要查询的起始日期与截止日期，或输入起始炉号与截止炉号，查看对应炉次的计划信息、连铸信息以及锭坯信息。同时，此界面为管理人员提供导出与打印功能，界面如图 8-11～图 8-13 所示。

图 8-11　计划与锭坯查询界面（计划管理）

图 8-12　计划与锭坯查询界面（连铸信息）

计划与锭坯查询界面共分为 3 个部分，分别是计划管理查询、连铸信息查询以及锭坯信息查询。选定筛选条件后，点击查询按钮，界面将显示符合查询条件的各部分炉次信息，具体包含：

计划管理查询显示炉次计划添加时间、计划冶炼炉号、计划冶炼钢种、计划

图 8-13 计划与锭坯查询界面（锭坯信息）

产量、规格、工艺路线以及钢包号等由计划管理人员录入的冶炼计划信息。

连铸信息查询显示连铸浇注炉号、钢包上连铸重量、钢包下连铸重量、实际连铸浇注重量、定尺、中间包数、单根重量以及钢水收得率等数据信息。

锭坯信息查询显示炉号、时间、钢种等基本信息，同时显示每一炉次由质检人员检测的质量数据，如检验支数、检验重量、合格支数、合格重量、报废支数、报废重量、缺陷种类等，且每一炉次均有锭坯检验员与入库检验员信息，实行责任到位的工作模式。同时，界面下方显示查询炉次的汇总信息，界面上方显示质量合格率以及一次合格率等评价指标。

8.1.5 连铸信息查询界面

连铸信息查询界面为技术管理人员提供查询连铸工序冶炼数据的可视化界面。连铸信息查询界面可以通过选择时间与浇次号两种方式进行查询。选择要查询的起始日期与截止日期，或输入起始浇次号与截止浇次号，查看对应的连铸浇次信息与连铸炉次信息。同时，此界面为管理人员提供导出与打印功能，界面如图 8-14~图 8-16 所示。

连铸信息查询界面共分为上、下两个部分，界面上方显示连铸浇次号信息查询，界面下方显示连铸炉次信息查询。连铸炉次信息查询又分为 3 个部分，分别是炉次信息查询、中间包记录查询以及连铸总炉数查询。选定筛选条件后，点击查询按钮，界面将显示符合查询条件的各部分连铸查询信息，具体包含：

浇次号信息查询显示每一浇次的开浇时间、停浇时间、浇次号、浇次班组、

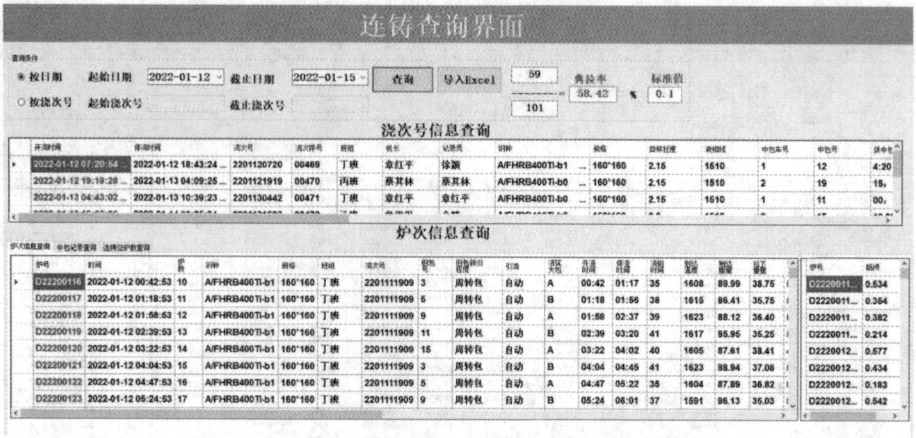

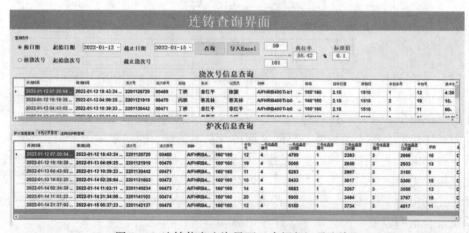

图 8-14　连铸信息查询界面（炉次信息查询）

图 8-15　连铸信息查询界面（中间包记录查询）

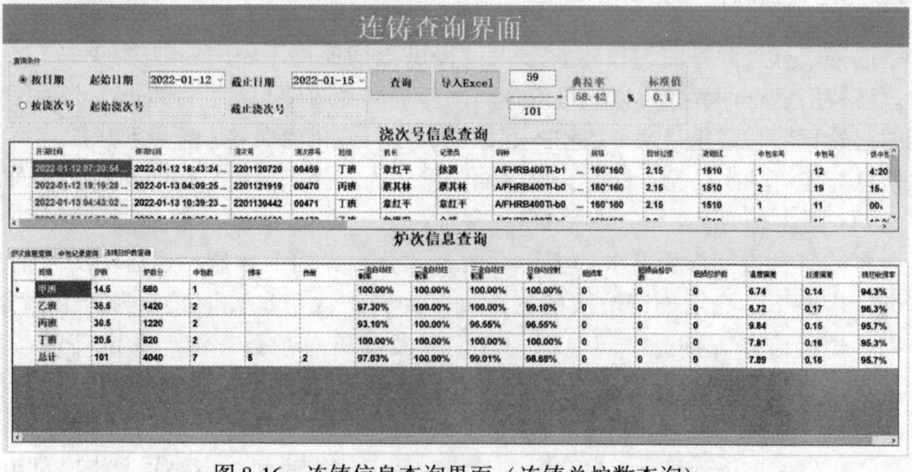

图 8-16　连铸信息查询界面（连铸总炉数查询）

浇次钢种、记录人等基本数据，以及目标拉速、液相线、中间包号、水压、结晶器过钢量及水流量、电流、频率、连铸浇次的起始炉号与终止炉号等连铸浇注工艺数据。

炉次信息查询显示连铸浇注炉号、在浇次中的炉数、浇注班组、浇次号、钢包号、钢包新旧程度、钢包浇注位置等基础数据；炉次浇钢时间、到达温度、钢包上连铸重量、钢包下连铸质量、实际连铸浇注质量等浇注过程数据；温度极差与各流拉速极差、收得率、标准差以及各流液面自动控制率等评价指标。

中间包记录查询显示连铸浇次号、浇次开浇时间、浇次停浇时间、中间包号、各结晶器过钢量、炉数以及连铸浇次的起始炉号与终止炉号信息。

连铸总炉数查询显示对连铸浇注各班组的考核信息，具体包含各班组炉数、炉数分、中间包数、各流自动控制率以及铝损率、铝损合格炉数、铝损总炉数。

8.2 生产管理模块

生产管理是计划、组织、协调、控制生产活动的综合管理活动。通过合理组织生产过程，有效利用生产资源，经济合理地进行生产活动，以达到预期的生产目标。提高企业生产管理的效率，有效管理生产过程的信息，从而提高企业的整体竞争力。本书中，生产管理模块列举的主要界面包括计划管理界面、三级管理、合金管理、通知发布界面、价格管理界面、成本管理界面、产品标准管理界面以及事件管理界面。

8.2.1 计划管理界面

计划管理界面是为计划管理人员提供制订电弧炉炼钢流程生产计划的可视化界面。冶炼炉号、冶炼钢种、计划产量、规格、热定尺、冷定尺以及工艺路线等基础数据，通过计划管理人员手动录入冶炼计划，增加选择钢包的功能，对钢包进行统一管理。将以上信息下发到各个生产工序进行实际生产操作，具体如图 8-17 所示。

8.2.2 合金管理界面

合金管理界面是为合金管理人员提供管理合金及合金成分的可视化界面。合金管理人员可以对实际生产过程中使用的合金进行添加或者修改，并可在模型中修改冶炼过程中所需添加合金元素成分，如图 8-18 所示。

8.2.3 通知发布界面

通知发布界面为管理人员提供根据生产操作发布决策信息的可视化界面。管理人员可在电弧炉、精炼炉、连铸显示最新发布的通知，也可修改或者删除的发布内容，如图 8-19 所示。

图 8-17　计划管理界面

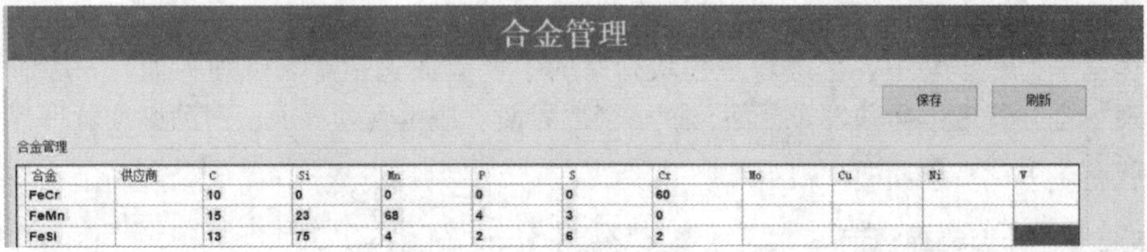

图 8-18　合金管理界面

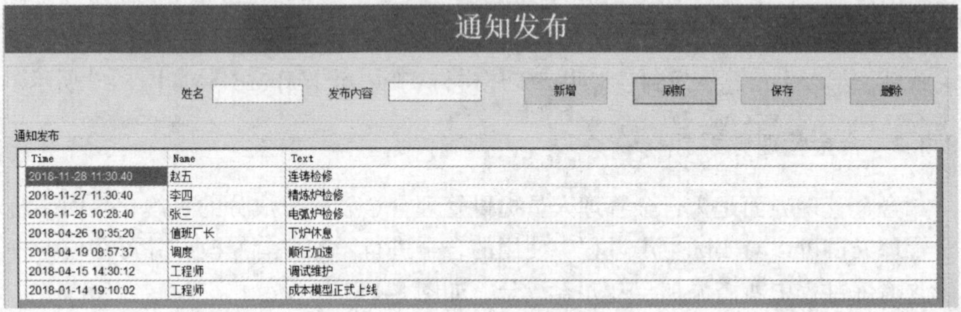

图 8-19　通知发布界面

8.2.4　价格管理界面

价格管理界面为管理人员提供根据实际生产添加所需要的耗材，对消耗的耗材进行集中管理的可视化界面，管理人员可以修改耗材价格涨幅情况，有利于计算实际生产成本。界面如图 8-20 所示。

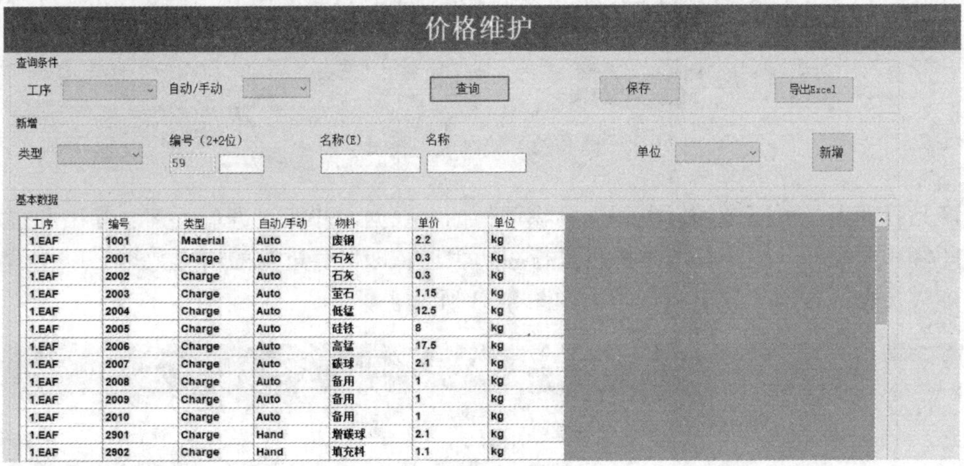

图 8-20 价格维护界面

8.2.5 成本管理界面

成本管理界面为管理人员提供查询与管理生产成本的可视化界面。管理人员根据冶炼炉次查询，核实对应工序加料信息、备品耗材等重量信息，便于计算实际生产成本。管理人员可以核实炉次号并修改对应炉号钢种信息、班组信息、出钢量等信息等，如图 8-21 和图 8-22 所示。

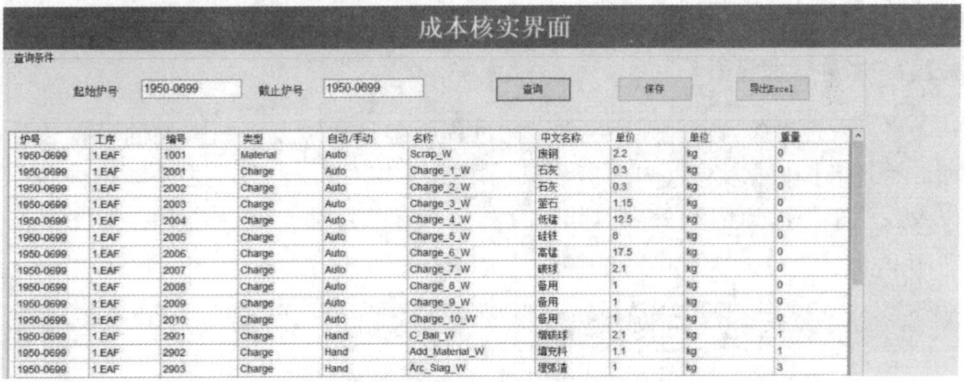

图 8-21 成本核实界面

8.2.6 产品标准管理界面

产品标准管理界面为产品管理人员提供查询与管理产品标准的可视化界面。

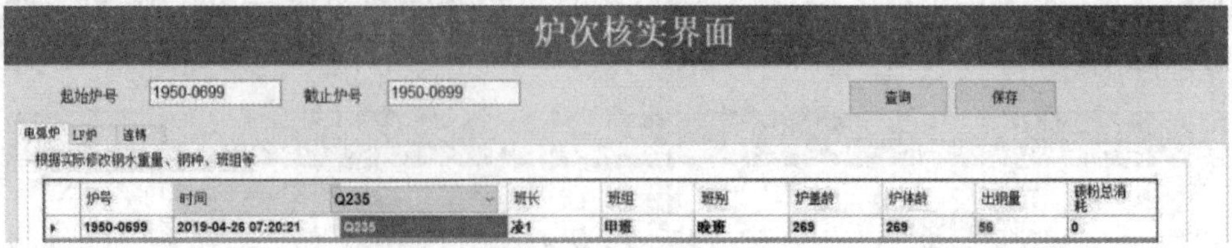

图 8-22　炉次核实界面

产品管理人员可以增加、更新、删除钢种标准数据，并能够进行查询、导出和打印等相应操作。成分标准维护将进行履历管理，即保存过往的历史数据，以供管理人员进行查询、导出和打印，如图 8-23 所示。

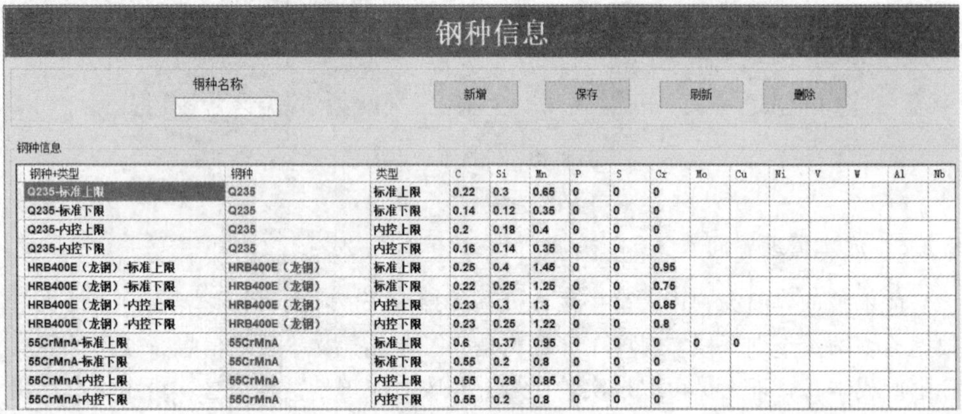

图 8-23　产品标准维护界面

8.2.7　事件管理界面

　　事件管理界面为管理人员提供生产过程中各种故障及中断事件的可视化界面。管理人员根据实际生产可查看某一段时间内各个工序发生的中断事件名称以及发生事件的原因和处理时间，有利于指导实际生产稳定进行，如图 8-24 所示。

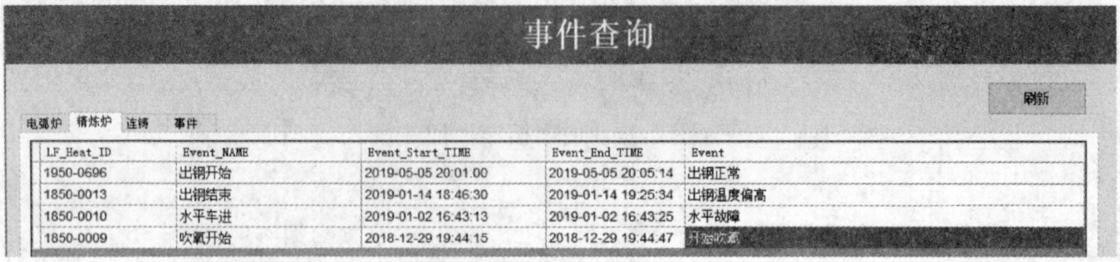

图 8-24　事件查询界面

8.3 无纸化生产报表模块

无纸化办公，简单来说就是指办公不用纸张。这是在无纸化环境下形成的一种工作方式，也是基于信息化和现代化而再造的工作流程。它主要是在内部局域网的基础上建立起来的，通过采用网络互联后，实现信息共享和协同办公。采用这种网络办公方式的主要出发点是提高工作效率，减轻工作负担。

无纸化生产报表通过"无纸化""去纸化"实现信息传达，解决了传统报表流通速度慢、信息不好溯源的问题，为管理层决策提供有力的数据支撑，可及时调整策略。同时，生产报表直接从系统查看，不用人工校对数据准确性，数据更加真实可靠，极大减轻了原有采用表格统计数据的工作量。最重要的是，打通与其他工位操作人员的沟通壁垒，对信息进行溯源。最后，管理人员可以根据生产报表在月底计算个人奖励，有据可依。

8.3.1 成本报表模块

成本报表模块是对收集的生产实际数据进行处理后，通过各种计算公式、生成规则等，按照企业提供的报表模板，及时、准确地生成各工序生产消耗等班、日、月报表等。

生产报表导出的主要功能包括电炉消耗报表、成分报表等。用户可以按照日期查询、打印以及导出相应的班、日、月或指定日期段的报表，如图 8-25 所示。

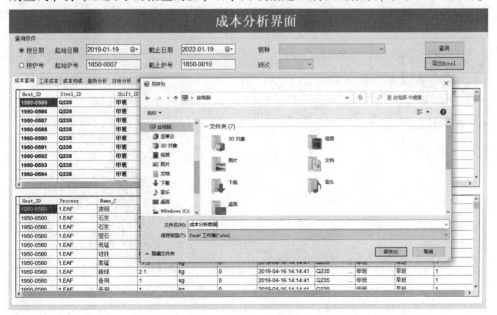

图 8-25 生产报表导出

8.3.2　金属料报表模块

金属料报表模块是按照企业管理者的需求，对金属料消耗指标数据的汇总，模块可以通过输入炉号的方式生成金属料报表，手动输入炉号范围，查看对应炉次的金属料信息。同时，此界面为管理人员提供导出与打印功能，具体如图 8-26~图 8-30 所示。

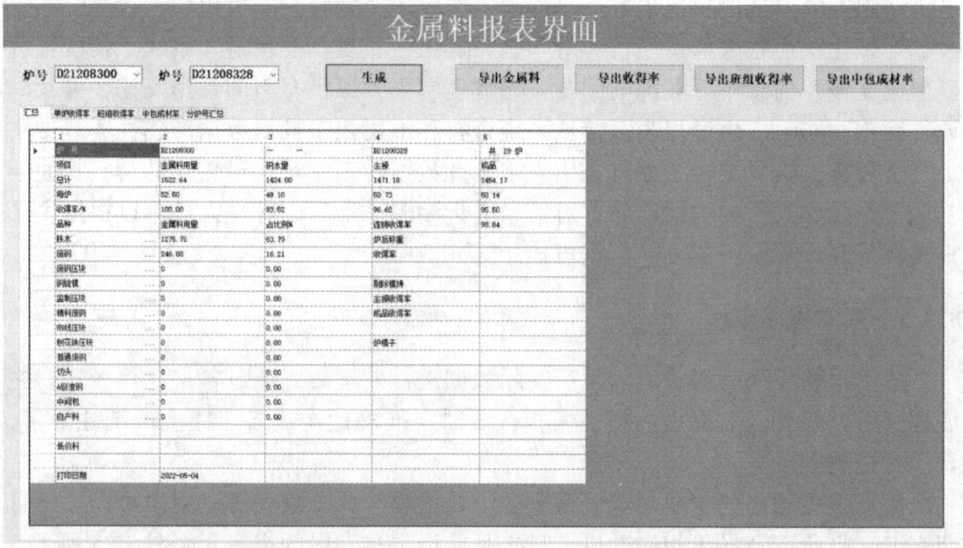

图 8-26　金属料报表界面（汇总表）

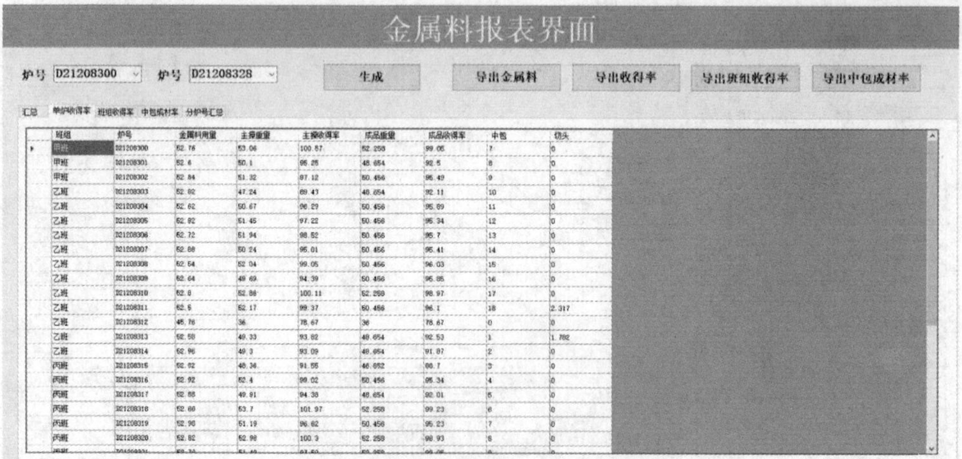

图 8-27　金属料报表界面（单炉收得率）

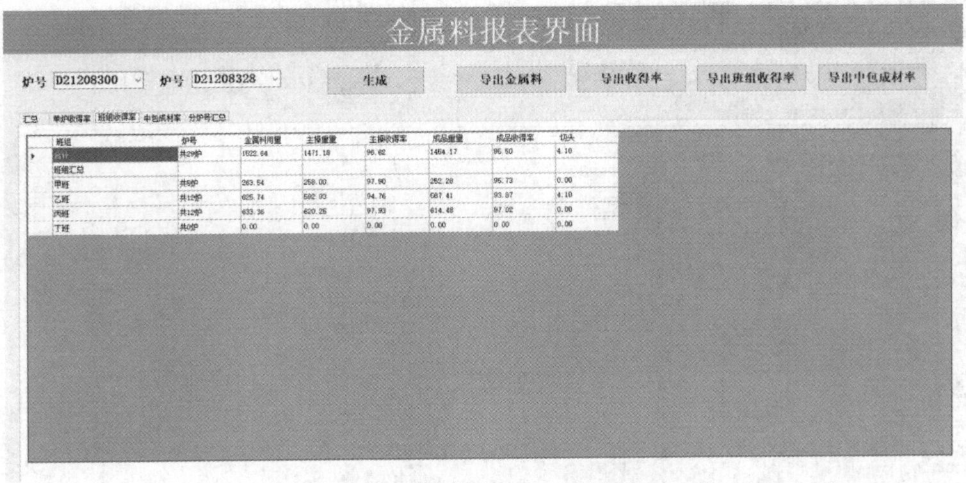

图 8-28 金属料报表界面（班组收得率）

图 8-29 金属料报表界面（中间包成材率）

金属料报表界面共分为 5 个部分，分别是汇总数据、单炉收得率数据、班组收得率数据、中间包成材率数据以及分炉号汇总数据，点击生成按钮，界面将显示出对应炉号的金属料数据信息。

汇总数据显示选定范围内所有炉号的金属料用量总量、钢水量总量、主操重量总量、成品重量总量以及各部分的平均值。

单炉收得率数据显示每一炉次金属料用量、主操重量、主操收得率、成品重量、成品收得率等详细信息，生成的报表下方，同时显示班组的汇总数据，方便

图 8-30 金属料报表界面（分炉号汇总）

管理人员进行绩效考核。

中间包成材率数据显示每一炉次的钢种、规格、支数、重量、中间包数、切头切尾重量、定尺以及成材率等信息。

分炉号汇总数据显示每一炉次所使用的金属料类型与数量信息。

8.3.3 电弧炉报表模块

电弧炉报表模块是按照企业管理者的需求，对电弧炉工序核心指标数据的汇总。模块可以通过选择时间与炉号两种方式进行查询。选择要查询的起始日期与截止日期，或输入起始炉号与截止炉号，查看对应炉次的电弧炉信息。同时，此界面为管理人员提供导出与打印功能，具体如图 8-31 和图 8-32 所示。

电弧炉报表界面共分为 2 个部分，分别是炉次详细报表以及班组汇总报表，对炉号、时间等条件进行限定后，点击查询按钮，界面将显示符合查询条件的电弧炉报表数据信息，具体包含：

炉次详细报表显示炉次冶炼时间、冶炼炉号、冶炼班组及比例、冶炼钢种以及炉壳炉盖寿命等基础数据，电弧炉冶炼过程中加入的铁水、废钢以及其他金属料、合金料、辅料的重量，供氧时间、供氧量、冶炼周期等统计数据，出钢时间、出钢元素（C、P）的含量，同时将连铸重量、锭坯重量、吹损率、收得率也整合于电弧炉报表中。在界面的下方，计算并显示铁水用量、废钢用量、出钢 C 含量、出钢 P 含量等指标的平均值。

班组汇总报表将电弧炉工位处所有班组的工作量、考勤等进行统计，如铁水消耗、废钢消耗、氧气消耗、成品收得率、产量加分等，作为考核的依据。

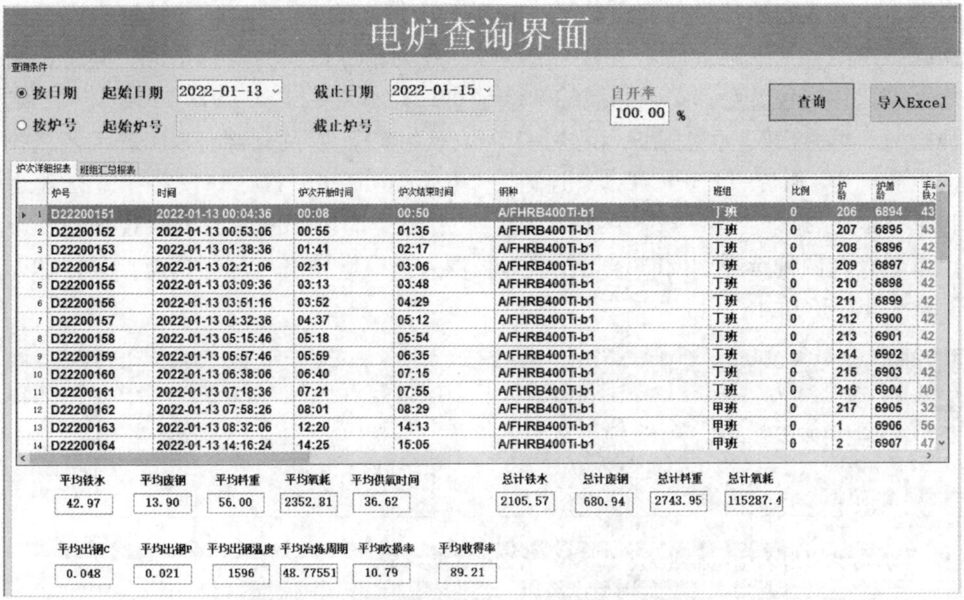

图 8-31　电弧炉报表界面（炉次详细报表）

图 8-32　电弧炉报表界面（班组汇总报表）

8.3.4　精炼报表

　　精炼报表模块是按照企业管理者的需求，对精炼工序核心指标数据的汇总。模块可以通过选择时间与炉号两种方式进行查询。选择要查询的起始日期与截止日期，或输入起始炉号与截止炉号，查看对应炉次的 LF 炉信息。精炼报表设置路线、炉座、上下限查询三种下拉选择框，作为精炼报表的限制条件。其中，路线下拉选择框包含全部工艺路线的炉次（即"电弧炉–LF 炉–VD 炉–连铸""电弧炉–LF 炉–连铸""电弧炉–LF 炉–VD 炉–模铸"）以及只含有 VD 炉工艺路线的炉次（"电弧炉–LF 炉–VD 炉–连铸""电弧炉–LF 炉–VD 炉–模铸"）；炉座下拉选择框包含"1"与"2"两种选择；上下限查询包含内控上下限查询与标准上下限查询两种选择。同时，此界面为管理人员提供导出与打印功能，具体如图 8-33~图 8-36 所示。

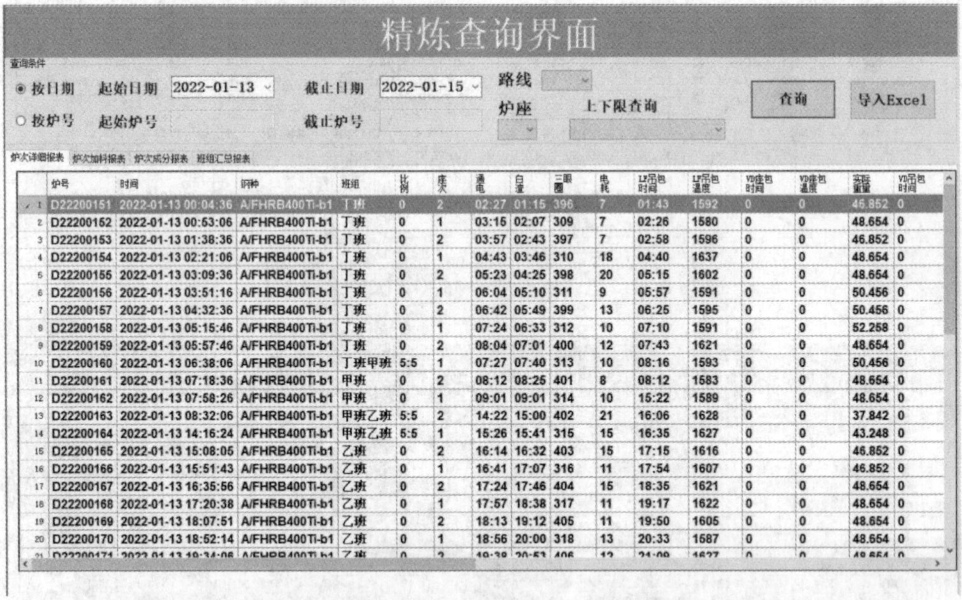

图 8-33　精炼报表界面（炉次详细报表）

精炼报表界面共分为 4 个部分，分别是炉次详细报表、炉次加料报表、炉次成分报表、班组汇总报表。对路线、炉座以及上下限查询条件进行限定后，点击查询按钮，界面将显示符合查询条件的精炼报表数据信息，具体包含：

炉次详细报表显示炉次冶炼时间、冶炼炉号、冶炼班组、冶炼钢种、LF 炉座次等基础数据，通电时间、白渣时间、电耗、LF 吊包时间、LF 吊包温度等 LF 炉冶炼数据，若工艺路线包含 VD 炉，则在炉次详细报表中同样显示 VD 座包时间、VD 座包温度、开抽时间、破空时间等 VD 炉冶炼数据，在报表的最后显示 LF 炉冶炼完成后部分元素含量信息（如 C、Si、Mn、Cr、Ni 等）以及方差，方差反映出每一炉次的元素成分数据与其平均值的偏离程度。

炉次加料报表显示每一炉次在 LF 炉冶炼过程中加入的合金料的名称、用量及其对应的价格。

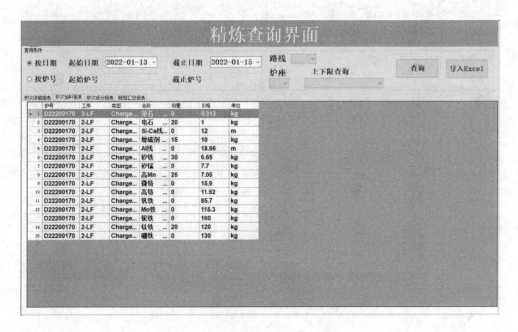

图 8-34 精炼报表界面（炉次加料报表）

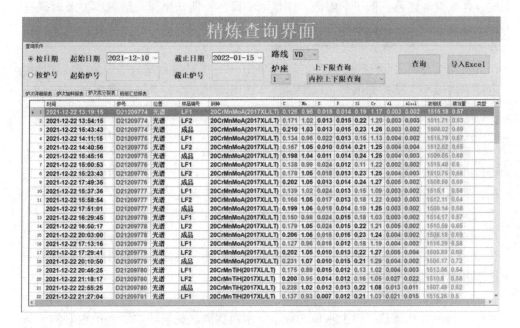

图 8-35 精炼报表界面（炉次成分报表）

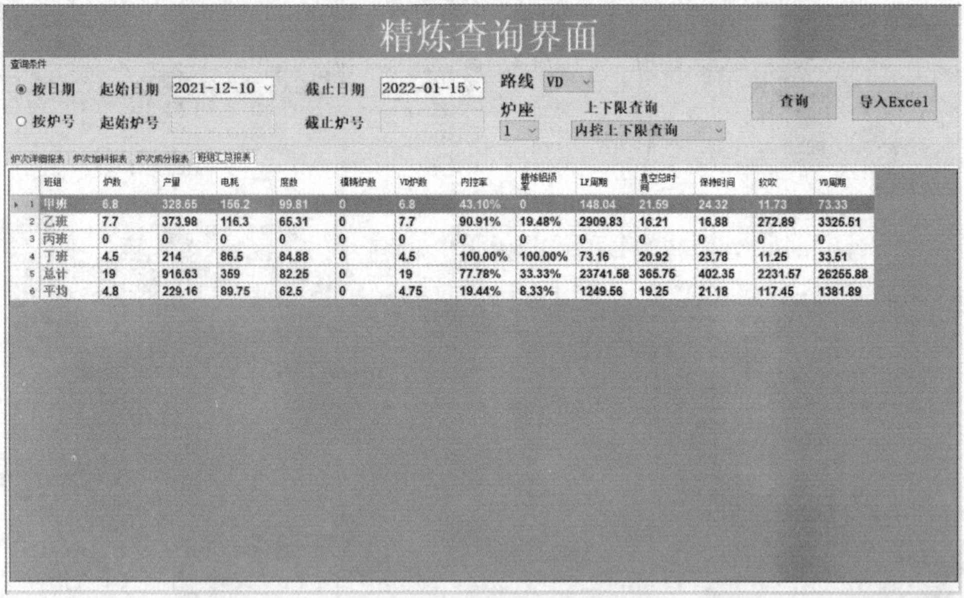

图 8-36 精炼报表界面（班组汇总报表）

炉次成分报表根据所选择的上下限标准，对每一炉次的元素成分含量进行判断，并对不符合含量标准的元素成分的格式做出相应改变，如高于上限值，元素成分含量变为红色，低于下限值，则显示为绿色，便于操作人员观察并及时调整钢水成分，使之达到钢种成分要求。在炉次成分报表的最后，同样计算液相线以及碳当量，方便工作人员及时进行调整。

班组汇总报表将 LF 炉工位处所有班组的工作量进行统计，如炉数、产量、电耗、内控率、精炼铝损率、LF 周期、VD 周期等，作为考核的依据。

8.3.5 钢包报表

钢包报表模块是按照企业管理者的需求，对钢包相关指标数据的汇总。模块可以通过选择时间与炉号两种方式进行查询。选择要查询的起始日期与截止日期，或输入起始炉号与截止炉号，查看对应炉次的钢包信息。同时，此界面为管理人员提供导出与打印功能，具体如图 8-37 和图 8-38 所示。

钢包报表界面共分为 2 个部分，分别是炉次详细报表以及班组汇总报表，对炉号、时间等条件进行限定后，点击查询按钮，界面将显示符合查询条件的钢包报表数据信息，具体包含：

炉次详细报表显示炉次浇注时间、浇注炉号、浇注班组、浇注钢种、钢包号及钢包包龄等基础数据，上水口次数、下水口次数、透气转次数、吊包时间、吊包温度等浇注过程数据。

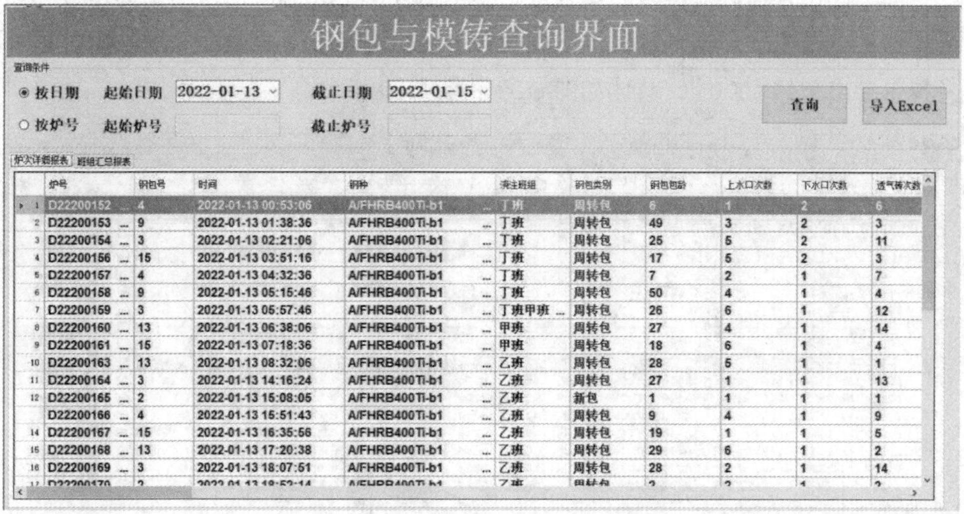

钢包与模铸查询界面

查询条件
- ● 按日期　起始日期 `2022-01-13`　截止日期 `2022-01-15`
- ○ 按炉号　起始炉号 `_____`　截止炉号 `_____`

[查询] [导入Excel]

	炉号	钢包号	时间	钢种	浇注班组	钢包类别	钢包炉龄	上水口次数	下水口次数	透气砖次数
1	D22200152 ...	4	2022-01-13 00:53:06	A/FHRB400Ti-b1	丁班	周转包	6	1	2	6
2	D22200153 ...	9	2022-01-13 01:38:36	A/FHRB400Ti-b1	丁班	周转包	49	3	2	3
3	D22200154 ...	8	2022-01-13 02:21:06	A/FHRB400Ti-b1	丁班	周转包	25	5	2	11
4	D22200156 ...	15	2022-01-13 03:51:16	A/FHRB400Ti-b1	丁班	周转包	17	5	2	3
5	D22200157 ...	4	2022-01-13 04:32:36	A/FHRB400Ti-b1	丁班	周转包	7	2	1	7
6	D22200158 ...	9	2022-01-13 05:15:46	A/FHRB400Ti-b1	丁班	周转包	50	4	1	4
7	D22200159 ...	3	2022-01-13 05:57:46	A/FHRB400Ti-b1	丁班甲班	周转包	26	6	4	12
8	D22200160 ...	13	2022-01-13 06:38:06	A/FHRB400Ti-b1	甲班	周转包	27	4	1	14
9	D22200161 ...	15	2022-01-13 07:18:36	A/FHRB400Ti-b1	甲班	周转包	18	6	1	1
10	D22200163 ...	13	2022-01-13 08:32:06	A/FHRB400Ti-b1	乙班	周转包	28	5	1	1
11	D22200164 ...	3	2022-01-13 14:16:24	A/FHRB400Ti-b1	乙班	周转包	27	1	1	13
12	D22200165 ...	2	2022-01-13 15:08:05	A/FHRB400Ti-b1	乙班	新包	1	1	1	1
13	D22200166 ...	4	2022-01-13 15:51:43	A/FHRB400Ti-b1	乙班	周转包	9	4	1	9
14	D22200167 ...	15	2022-01-13 16:35:56	A/FHRB400Ti-b1	乙班	周转包	19	1	1	5
15	D22200168 ...	13	2022-01-13 17:20:38	A/FHRB400Ti-b1	乙班	周转包	29	2	2	2
16	D22200169 ...	3	2022-01-13 18:07:51	A/FHRB400Ti-b1	乙班	周转包	28	2	1	14
	D22200170 ...		2022-01-13 18:52:14	A/FHRB400Ti-b1	乙班	周转包				

图 8-37　钢包报表界面（炉次详细报表）

钢包与模铸查询界面

查询条件
- ● 按日期　起始日期 `2022-01-13`　截止日期 `2022-01-15`
- ○ 按炉号　起始炉号 `_____`　截止炉号 `_____`

[查询] [导入Excel]

班组	钢包炉数	流钢子	换水口	换透气砖	补浇	清渣罩车	转运钢包	钢包差和杂分	副包	合计分数
甲班	6	0	0	0	0	0	0	0	0	120
乙班	12	0	2	2	1	0	2	0	0	360
丙班	11	0	1	0	0	0	1	0	0	240
丁班	9	0	1	0	0	0	0	0	0	200
总计	38	0	4	2	1	0	0	0	0	920

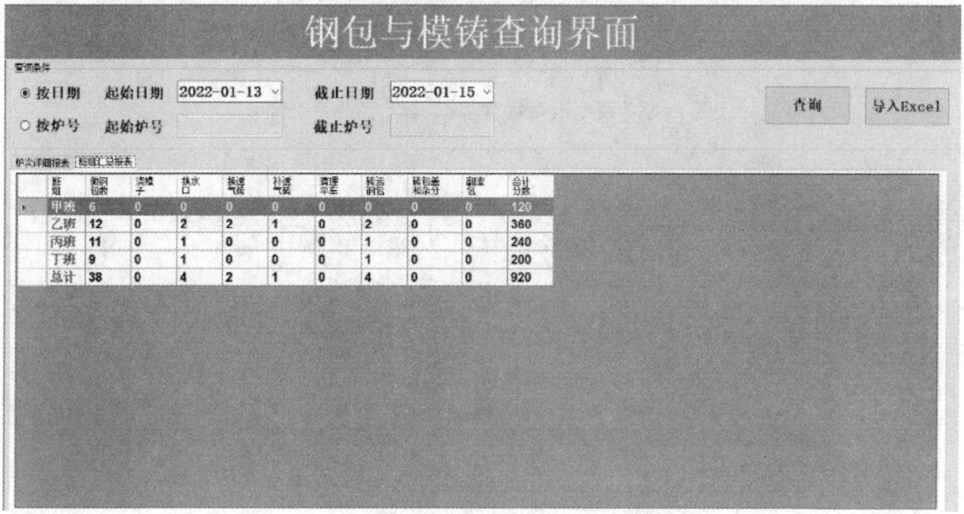

图 8-38　钢包报表界面（班组汇总报表）

　　班组汇总报表将浇注工位处所有班组的工作量进行统计，如座钢包数、换水口次数、换透气砖次数、转运钢包次数等，作为考核的依据。

8.3.6　调度汇总报表

　　调度汇总报表是按照企业管理者的需求，对电弧炉炼钢整个流程的核心指标数据的汇总。模块可以通过选择时间与炉号两种方式进行查询。选择要查询的起始日期与截止日期，或输入起始炉号与截止炉号，查看对应炉次的调度信息。调度报表设置炉座下拉选择框，作为调度报表的限制条件。同时，此界面为管理人员提供导出与打印功能，具体如图 8-39 和图 8-40 所示。

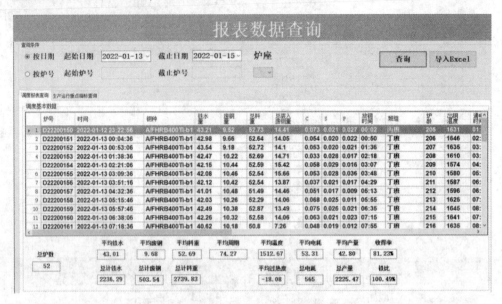

报表数据查询

查询条件
◉ 按日期　起始日期 [2022-01-13 ∨]　截止日期 [2022-01-15 ∨]　炉座　　　　　　　[查询]　[导入Excel]
○ 按炉号　起始炉号 [　　　　]　　截止炉号 [　　　　]　　[∨]

调度报表查询　生产运行重点指标查询

调度基本数据

	炉号	时间	钢种	铁水量	废钢量	总料重	总装入配料量	C	S	P	放钢时间	班组	炉龄	出钢温度	通钢时
1	D22200150	2022-01-12 23:22:56	A/FHRB400Ti-b1	43.21	9.52	52.73	14.41	0.073	0.021	0.027	00:02	丙班	205	1631	01:
2	D22200151	2022-01-13 00:04:36	A/FHRB400Ti-b1	42.98	9.66	52.64	14.05	0.054	0.020	0.022	00:50	丁班	206	1646	02:
3	D22200152	2022-01-13 00:53:06	A/FHRB400Ti-b1	43.54	9.18	52.72	14.1	0.053	0.020	0.021	01:36	丁班	207	1635	03:
4	D22200153	2022-01-13 01:38:36	A/FHRB400Ti-b1	42.47	10.22	52.69	14.71	0.033	0.028	0.017	02:18	丁班	208	1610	03:
5	D22200154	2022-01-13 02:21:06	A/FHRB400Ti-b1	42.15	10.44	52.59	15.42	0.058	0.029	0.016	03:07	丁班	209	1574	04:
6	D22200155	2022-01-13 03:09:36	A/FHRB400Ti-b1	42.08	10.46	52.54	15.66	0.053	0.021	0.017	03:48	丁班	210	1580	05:
7	D22200156	2022-01-13 03:51:16	A/FHRB400Ti-b1	42.12	10.42	52.54	13.87	0.037	0.021	0.017	04:29	丁班	211	1587	06:
8	D22200157	2022-01-13 04:32:36	A/FHRB400Ti-b1	41.01	10.48	51.49	14.46	0.051	0.017	0.009	05:13	丁班	212	1596	06:
9	D22200158	2022-01-13 05:15:46	A/FHRB400Ti-b1	42.03	10.26	52.29	14.06	0.068	0.025	0.021	05:55	丁班	213	1625	07:
10	D22200159	2022-01-13 05:57:46	A/FHRB400Ti-b1	42.49	10.38	52.87	13.49	0.075	0.026	0.021	06:35	丁班	214	1645	07:
11	D22200160	2022-01-13 06:36:36	A/FHRB400Ti-b1	42.26	10.32	52.58	14.06	0.063	0.021	0.023	07:15	丁班	215	1641	07:
12	D22200161	2022-01-13 07:18:36	A/FHRB400Ti-b1	40.62	10.18	50.8	7.26	0.048	0.019	0.012	07:55	丁班	216	1635	08:

	平均铁水	平均废钢	平均料重	平均周期	平均温度	平均电耗	平均产量	收得率
总炉数	43.01	9.68	52.69	74.27	1512.67	53.31	42.80	81.23%
52	总计铁水	总计废钢	总计料重		平均过热度	总电耗	总产量	铁比
	2236.29	503.54	2739.83		-18.08	565	2225.47	100.49%

图 8-39　调度汇总报表界面（调度报表查询）

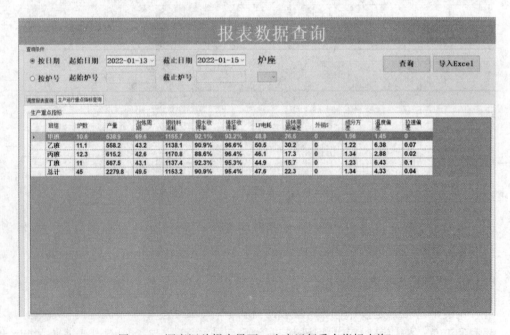

报表数据查询

查询条件
◉ 按日期　起始日期 [2022-01-13 ∨]　截止日期 [2022-01-15 ∨]　炉座　　　　　　　[查询]　[导入Excel]
○ 按炉号　起始炉号 [　　　　]　　截止炉号 [　　　　]　　[∨]

调度报表查询　生产运行重点指标查询

生产重点指标

班组	炉数	产量	冶炼周期	钢铁料消耗	钢水收得率	铸坯收得率	LF电耗	运转周期差	外钢²	成分方差	温度偏差	拉速偏差
甲班	10.6	538.9	69.6	1155.7	92.1%	93.2%	48.8	26.5	0	1.56	1.45	0
乙班	11.1	558.2	43.2	1138.1	90.9%	96.6%	50.5	30.2	0	1.22	6.38	0.07
丙班	12.3	615.2	42.6	1170.8	88.6%	96.4%	46.1	17.3	0	1.34	2.88	0.02
丁班	11	567.5	43.1	1137.4	92.3%	95.3%	44.9	15.7	0	1.23	6.43	0.1
总计	45	2279.8	49.5	1153.2	90.9%	95.4%	47.6	22.3	0	1.34	4.33	0.04

图 8-40　调度汇总报表界面（生产运行重点指标查询）

调度汇总报表界面共分为 2 个部分，分别是调度报表查询与生产运行重点指标查询。对时间、炉号以及炉座条件进行限定后，点击查询按钮，界面将显示符合查询条件的调度汇总报表数据信息，具体包含：

调度报表查询显示炉次时间，炉号，钢种，金属料用量，C、S、P 元素含量，出钢时间及温度，LF 吊包时间及温度，浇注时间，运行周期，检验信息等数据；在界面的下方，计算并显示查询总炉数、铁水用量、废钢用量、运行周期、过热度、电耗、产量以及收得率的平均值。

生产运行重点指标查询显示各班组生产炉数、总产量、冶炼周期、金属料消耗、铸坯收得率、成分偏差、温度偏差、拉速偏差等指标，作为考核的依据。